SYSTÈME MÉTRIQUE

ET LÉGAL

DES POIDS ET MESURES

Par E. ASTIER

INSTITUTEUR DU DEGRÉ SUPÉRIEUR
OFFICIER D'ACADÉMIE

QUATRIÈME ÉDITION

L'introduction de cet ouvrage dans les écoles publiques a été autorisée
par décision de S. Exc. M. le ministre de l'instruction publique

PARIS,

IMPRIMERIE ET LIBRAIRIE CLASSIQUES

JULES DELALAIN FILS

ÉCOLES, VIS-A-VIS DE LA SORBONNE

SYSTÈME MÉTRIQUE

ET LÉGAL

DES POIDS ET MESURES

Par F. ASTIER

INSTITUTEUR DU DEGRÉ SUPÉRIEUR
OFFICIER D'ACADÉMIE.

QUATRIÈME ÉDITION.

L'introduction de cet ouvrage dans les écoles publiques a été autorisée
par décision de S. Exc. M. le ministre de l'instruction publique.

PARIS,

IMPRIMERIE ET LIBRAIRIE CLASSIQUES

De JULES DELALAIN et FILS

RUE DES ÉCOLES, VIS-A-VIS DE LA SORBONNE.

M DCCC LXIV.

L'introduction de cet ouvrage dans les écoles publiques a été autorisée par décisions ministérielles des 28 septembre 1838 et 3 juillet 1840.

Cet ouvrage a été recommandé pour les écoles primaires par les conseils académiques de Bordeaux, Poitiers et Strasbourg.

AVERTISSEMENT.

La loi sur l'instruction primaire prescrit, dans toutes les écoles du royaume, l'enseignement du *système légal des poids et mesures;* une loi promulguée en 1837 en fait encore ressortir l'importance. Du reste, depuis 1840, tout le commerce étant tenu de s'y conformer, il devient indispensable aux instituteurs comme aux élèves d'en connaître les principes et plus encore l'application, surtout maintenant que la loi a reçu son entière exécution. Plus particulièrement destiné aux instituteurs et à leurs élèves, ce volume ne sera pas sans avantage pour les propriétaires, marchands, et autres personnes qui ont besoin, par leur position, d'avoir une connaissance exacte du nouveau système métrique légal.

Si parfois on rencontre des répétitions, et d'autrefois la même question proposée sous une forme différente, on se souviendra que l'expérience apprend que, pour enseigner l'enfance, il faut répéter fréquemment la même chose, et quelquefois la lui présenter d'une autre manière pour s'assurer que l'élève l'a comprise.

On a cru qu'il était convenable de placer à la suite de cet avertissement les lois relatives aux poids et mesures, afin d'instruire la jeunesse française, ainsi que toutes les personnes qui liront ce livre, de la nécessité où l'on est d'étudier ce système, qui est une des plus belles découvertes de l'esprit humain, et une des choses les plus avantageuses au commerce, par les rapports faciles qu'il établit entre les habitants des diverses contrées de la France.

Pour rendre ce petit ouvrage plus classique, on trouvera, après chacune des parties qu'on y traite, des questions qui pourront servir de matière de concours aux enfants qui voudront composer entre eux, et même être utiles au maître qui voudrait interroger ses élèves sur la leçon qu'ils auront étudiée. On trouvera aussi, à la suite de chaque chapitre, un certain nombre de quantités écrites données en forme de problèmes, afin d'exercer les élèves à la numération et à l'application du système. Les élèves devront poser ces quantités en chiffres et en faire le total ou le produit, qu'ils confronteront avec la réponse placée sous chaque problème.

LÉGISLATION

RELATIVE

AUX POIDS ET MESURES.

Loi du 28 juin 1833, relative à l'instruction primaire (Extrait).

Art. 1er. L'instruction primaire élémentaire comprend nécessairement l'instruction morale et religieuse, la lecture, l'écriture, les éléments de la langue française et du calcul, le *système légal des poids et mesures.*

Loi du 15 mars 1850, relative à l'instruction publique (Extrait).

Art. 23. L'enseignement primaire comprend : l'instruction morale et religieuse, la lecture, l'écriture, les éléments de la langue française, le *calcul et système légal des poids et mesures.*

Loi du 18 germinal an III (7 avril 1795), relative aux poids et mesures (Extrait).

Art. 2. Il n'y aura qu'un seul étalon de poids et mesures;.... ce sera une règle en platine, sur laquelle sera tracé le *mètre,*.... unité fondamentale de tout le système des mesures[1].

Art. 5. Leur nomenclature est définitivement adoptée comme il suit : on appellera

---

1. L'art. 2 de la loi du 19 frimaire an VIII, ci-après, reconnaît aussi le kilogramme pour étalon.

Mètre, la mesure de longueur égale à la dix-millionième partie de l'arc du méridien terrestre compris entre le pôle boréal et l'équateur;

Are, la mesure de superficie pour les terrains, égale à un carré de dix mètres de côté;

Stère, la mesure destinée particulièrement aux bois de chauffage, et qui sera égale au mètre cube;

Litre, la mesure de capacité, tant pour les liquides que pour les matières sèches, dont la contenance sera celle du cube de la dixième partie du mètre;

Gramme, le poids absolu d'un volume d'eau pure égal au cube de la centième partie du mètre et à la température de la glace fondue.

Enfin, l'unité des monnaies prendra le nom de *franc,* pour remplacer celui de *livre* usité jusqu'aujourd'hui.

Art. 6. La dixième partie du mètre se nommera *décimètre,* et la centième partie, *centimètre.*

On appellera *décamètre* une mesure égale à 10 mètres, ce qui fournit une mesure très-commode pour l'arpentage; *hectomètre* signifiera 100 mètres; enfin *kilomètre* et *myriamètre* seront des longueurs de 1,000 et de 10,000 mètres, et désigneront principalement des distances itinéraires.

Art. 7. Les dénominations des mesures des autres genres seront déterminées d'après les mêmes principes que celles de l'article précédent.

Ainsi *décilitre* sera une mesure de capacité dix fois plus petite que le litre; *centigramme* sera la centième partie du poids d'un gramme.

On dira de même *décalitre,* pour désigner une mesure contenant 10 litres; *hectolitre,* pour une mesure qui égale 100 litres. Un *kilogramme* sera un poids de 1000 grammes.

On composera d'une manière analogue les noms de toutes les autres mesures.

Cependant, lorsqu'on voudra exprimer les dixièmes

ou les centièmes du franc, unité des monnaies, on se servira des mots *décime* et *centime*, déjà reçus en vertu de décrets antérieurs.

Art. 8. Dans les poids et les mesures de capacité, chacune des mesures décimales de ces deux genres aura son double et sa moitié, afin de donner à la vente des divers objets toute la commodité que l'on peut désirer : il y aura donc le *double litre* et le *demi-litre*, le *double hectogramme* et le *demi-hectogramme;* ainsi des autres.

Art. 18. Le choix des mesures appropriées à chaque espèce de marchandises aura lieu de manière que, dans les cas ordinaires, on n'ait pas besoin de fractions plus petites que les centièmes[1].

Loi du 19 frimaire an VIII (9 décembre 1799), *fixant définitivement la valeur du mètre et du kilogramme* (Extrait).

Art 1er. La fixation provisoire de la longueur du mètre à 3 pieds 11 lignes 44 centièmes, ordonnée par les lois du 1er août 1793 et 18 germinal an III, demeure révoquée et comme non avenue. Ladite longueur, formant la dix-millionième partie de l'arc du méridien terrestre compris entre le pôle nord et l'équateur, est définitivement fixée, dans son rapport avec les anciennes mesures, à 3 pieds 11 lignes 296 millièmes.

Art. 2. Le mètre et le kilogramme en platine, déposés le 4 messidor dernier au corps législatif par l'Institut national des sciences et arts, sont les étalons définitifs des mesures de longueur et de poids....

Art. 3. Les autres dispositions de la loi du 18 germinal an III, concernant tout ce qui est relatif au système métrique ainsi qu'à la nomenclature..., continueront d'être observées.

1. Voir, page xi, le tableau des mesures légales, joint à la présente loi.

Loi du 4 juillet 1837, relative aux poids et mesures (Extrait).

Art. 3. A partir du 1er janvier 1840, tous poids et mesures autres que les poids et mesures établis par les lois des 18 germinal an III et 19 frimaire an VIII, constitutives du système métrique décimal, seront interdits sous les peines portées par l'article 479 du code pénal[1].

Art. 4. Ceux qui auront des poids et mesures autres que les poids et mesures ci-dessus reconnus, dans leurs magasins, boutiques, ateliers ou maisons de commerce, ou dans les halles, foires ou marchés, seront punis comme ceux qui les emploieront, conformément à l'article 479 du code pénal.

Art. 5. A compter de la même époque, toutes dénominations de poids et mesures autres que celles portées dans le tableau annexé à la présente loi et établies par la loi du 18 germinal an III, sont interdites dans les actes publics, ainsi que dans les affiches et dans les annonces.

Elles sont également interdites dans les actes sous seing privé, les registres de commerce, et autres écritures privées produites en justice.

Les officiers publics contrevenants seront passibles d'une amende de 20 fr., qui sera recouvrée sur contrainte, comme en matière d'enregistrement.

---

1. « Seront punis d'une amende de quinze francs inclusivement :

« Ceux qui auront de faux poids et de fausses mesures dans leurs magasins, boutiques, ateliers ou maisons de commerce, ou dans les halles, foires ou marchés, sans préjudice des peines prononcées par les tribunaux de police correctionnelle contre ceux qui auraient fait usage de ces faux poids et de ces fausses mesures ;

« Ceux qui emploient des poids ou des mesures différents de ceux qui sont établis par les lois en vigueur. » (*Code pénal*, art. 479.)

L'amende sera de 10 fr. pour les autres contrevenants : elle sera perçue pour chaque acte ou écriture sous signature privée ; quant aux registres de commerce, ils ne donneront lieu qu'à une seule amende pour chaque contestation dans laquelle ils seront produits.

Art. 6. Il est défendu aux juges et arbitres de rendre aucun jugement ou décision en faveur des particuliers sur des actes, registres ou écrits dans lesquels les dénominations interdites par l'article précédent auraient été insérées, avant que les amendes encourues aux termes dudit article aient été payées.

Art. 7. Les vérificateurs des poids et mesures constateront les contraventions prévues par les lois et règlements concernant le système métrique des poids et mesures.

Ils pourront procéder à la saisie des instruments de pesage et de mesurage dont l'usage est interdit par lesdites lois et règlements.

Leurs procès-verbaux feront foi en justice jusqu'à preuves contraires.

Ordonnance du 17 avril 1839, relative aux poids et mesures (Extrait).

Art. 1er. A dater du 1er janvier 1840, les poids, mesures et instruments de pesage et de mesurage ne seront reçus à la vérification première, qu'autant qu'ils réuniront les conditions d'admission indiquées dans les tableaux annexés à la présente ordonnance.

Art. 2. Les poids, mesures et instruments de pesage portant la marque de vérification première, et qui réuniront d'ailleurs les conditions exigées jusqu'ici, seront admis à la vérification périodique, savoir :

Les mesures décimales de longueur, après qu'on aura fait disparaître les divisions et les noms relatifs aux anciennes dénominations ;

Les mesures décimales pour les matières sèches, quelle que soit l'espèce de bois dont elles seront construites;

Les mesures décimales en étain, quel que soit leur poids;

Les poids décimaux en fer et en cuivre, quelle que soit leur forme, après qu'on aura fait disparaître l'indication relative aux anciennes dénominations, et pourvu qu'ils portent sur la surface supérieure les noms qui leur sont propres;

Les poids décimaux, en fer et en cuivre, portant uniquement leurs noms exprimés en myriagrammes, kilogrammes, hectogrammes ou décagrammes;

Les poids décimaux à l'usage des balances-bascules, pourvu qu'ils ne portent pas d'autre indication que celle de leur valeur réelle;

Enfin les romaines dont on aura fait disparaître les anciennes divisions et dénominations, pourvu qu'elles soient graduées en divisions décimales et reconnues oscillantes.

Les poids et mesures décimaux, placés dans une des catégories qui précèdent, ne pourront être conservés par les assujettis, qu'autant qu'ils auront subi, avant l'époque de la vérification périodique de l'année 1840, les modifications exigées. Ces poids et mesures pourront être rajustés, mais ils ne devront pas être remontés à neuf.

Art. 3. Tous les poids et mesures autres que ceux qui sont provisoirement permis par l'art. 2 de la présente ordonnance seront mis hors de service, à partir du 1er janvier 1840.

Art. 4. Il sera déposé, dans tous les bureaux de vérification, des modèles ou des dessins des poids et mesures légalement autorisés, pour être communiqués à tous ceux qui voudront en prendre connaissance.

Tableau des mesures légales (loi du 18 germinal an III).

Mesures de longueur.

Noms systématiques.	Valeur.
Myriamètre.	Dix mille mètres.
Kilomètre.	Mille mètres.
Hectomètre.	Cent mètres.
Décamètre.	Dix mètres.
MÈTRE.	Unité fondamentale des poids et mesures[1], dix-millionième partie du quart du méridien terrestre.
Décimètre.	Dixième du mètre.
Centimètre.	Centième du mètre.
Millimètre.	Millième du mètre.

Mesures agraires.

Hectare.	Cent ares ou dix mille mètres carrés.
ARE.	Cent mètres carrés, carré de dix mètres de côté.
Centiare.	Centième de l'are ou mètre carré.

Mesures de capacité ou de contenance
(pour les liquides et les matières sèches).

Kilolitre.	Mille litres.
Hectolitre.	Cent litres.
Décalitre.	Dix litres.
LITRE.	Décimètre cube.
Décilitre.	Dixième du litre.

1. L'étalon prototype en platine, déposé aux archives le 4 messidor an VII (22 juin 1799), donne la longueur légale du mètre, quand il est à la température zéro.

Mesures de volume ou de solidité.

Décastère.	Dix stères.
STÈRE.	Mètre cube.
Décistère.	Dixième du stère.

Poids.

. . . . . .	Mille kilogrammes, poids du mètre cube d'eau et du tonneau de mer.
. . . . . .	Cent kilogrammes, quintal métrique.
Kilogramme.	Mille grammes, poids dans le vide d'un décimètre cube d'eau distillée à la température de quatre degrés centigrades.
Hectogramme.	Cent grammes.
Décagramme.	Dix grammes.
GRAMME.	Poids d'un centimètre cube d'eau à quatre degrés centigrades.
Décigramme.	Dixième du gramme.
Centigramme.	Centième du gramme.
Milligramme.	Millième du gramme.

Monnaies.

FRANC.	Cinq grammes d'argent au titre de neuf dixièmes de fin.
Décime.	Dixième du franc.
Centime.	Centième du franc.

SYSTÈME

MÉTRIQUE ET LÉGAL

DES POIDS ET MESURES.

NOTIONS HISTORIQUES.

Les variations des mesures, avant 1789, non-seulement dans les différentes provinces de la France, mais même dans les villes et les villages, avaient de si grands inconvénients pour les relations commerciales, qu'on reconnut la nécessité d'établir un système de mesures uniformes pour tout le royaume. A différentes époques, plusieurs rois de France avaient tenté ce projet, entre autres Philippe le Bel, Louis XI, François Ier, Henri III, Louis XV; mais tous leurs essais avaient été sans résultats, et aucun n'avait réussi à réaliser cette belle entreprise et n'avait pu faire disparaître cette multiplicité de mesures, lesquelles dataient du règne de Charlemagne et de l'établissement de la féodalité en France. Mais quand les états généraux de 1789 se furent constitués en assemblée nationale, une commission, nommée à cet effet, décida que le quart

1. A. *Syst. métr.*   1

du méridien terrestre serait mesuré, et que la dix-millionième partie serait prise pour unité fondamentale, sous le nom de *mètre*. Pour assurer le succès de ce travail, Louis XVI publia, le 24 juin 1792, une proclamation qui avait pour but de protéger les opérations relatives à la mesure du méridien de la France; et dès le 26 juin de la même année, Delambre et Méchain, chargés par le gouvernement de cette entreprise, s'occupèrent de mesurer l'arc du méridien, depuis Dunkerque jusqu'à Barcelone. Ce ne fut qu'après sept années de travaux et de peines, au milieu de la tourmente révolutionnaire, qui mit plusieurs fois la vie des deux astronomes en péril, que fut terminée cette grande et importante opération.

L'arc du méridien entre Dunkerque et Barcecelone, dont le milieu passe à 45 degrés 11 minutes 5 secondes de latitude, fut trouvé de 9 degrés 6738 dix-millièmes. On prit cet arc pour base; et par un calcul rigoureux et des observations astronomiques dans l'hypothèse elliptique, en comptant l'aplatissement de la terre au pôle pour un 334e, on déduisit et on trouva la longueur du quart du méridien terrestre, supposé au niveau de la mer. C'est la dix-millionième partie de cette distance qui a été prise pour unité de mesure, et dont on a construit le mètre-étalon.

Pendant que ces savants exécutaient ce travail, d'autres s'occupèrent de la construction du kilogramme en platine qui devait servir d'étalon. Ils

1.

firent d'abord construire avec le plus grand soin un décimètre cube. creux en platine; on le pesa vide, puis on le pesa rempli d'eau pure, distillée, à 4 degrés centigrades. Ce fut l'eau contenue dans ce décimètre cube qui détermina le poids du kilogramme étalon.

Les travaux et les étalons étant terminés, la commission des poids et mesures les présenta le 22 juin 1799 au corps législatif. Le même jour, le mètre et le kilogramme étalons furent placés chacun dans une boîte fermant à clef, et déposés aux archives de France, où ils sont encore aujourd'hui. Une loi du 10 décembre 1799 approuva les travaux de la commission, et dès lors le système métrique fut constitué. Cependant il ne fut définitif et légal qu'à dater du 2 novembre 1801. Un décret du 12 février 1812 le modifia encore, en adoptant les dénominations anciennes concurremment avec les dénominations nouvelles du système métrique. Mais la loi du 4 juillet 1857, qui est en vigueur depuis le 1er janvier 1840, a abrogé les anciennes dénominations qui n'avaient été tolérées provisoirement que pour accoutumer les populations aux mesures métriques.

INTRODUCTION.

1. Le prix des choses qui font l'objet du commerce dépend, dans les unes de leur longueur, ou de leur longueur et largeur, ou de leur volume ; dans les autres, de leur poids, de leur qualité plus ou moins estimée, etc. Il a donc été nécessaire d'établir des termes de comparaison pour pouvoir apprécier les dimensions, le poids, la valeur, etc., de ces choses.

2. *Mesurer un objet*, c'est le comparer à un autre de même nature, pris pour unité ou terme de comparaison, et dont on connaît les dimensions, le poids, la valeur, etc.

C'est ainsi, par exemple, qu'on mesure :

La *longueur* d'une ligne, d'une chambre, d'une route, etc., en y appliquant une mesuré autant de fois qu'elle peut y être contenue ;

La *surface* d'un terrain, en la comparant à une autre surface dont la longueur et la largeur sont connues ;

La *solidité* d'un corps, en le comparant avec un cube de dimensions connues ;

La *durée* du temps, en la comparant à un intervalle pris pour unité, etc.

3. Pour *évaluer le poids* d'un objet, on le place ordinairement dans l'un des côtés d'une balance, afin de le comparer avec le poids de l'unité placé du côté opposé.

4. *Apprécier le prix* d'un objet, c'est le comparer avec une unité monétaire légalement admise.

PRÉCIS

DU SYSTÈME MÉTRIQUE ET LÉGAL.

1. Le *système métrique* est l'ensemble des unités de comparaison admises en France pour déterminer la valeur des choses relativement au poids et à la mesure.

2. Ce système est appelé *métrique*, parce que le mètre y est la base de toutes les mesures.

3. On l'appelle aussi *système légal de poids et mesures*, parce qu'il est le seul reconnu par la loi, et par conséquent obligatoire pour tous les Français.

4. Le système métrique repose sur les deux bases suivantes :

1º Le mètre, unité fondamentale du système, égal à la dix-millionième partie du quart du méridien terrestre[1], c'est-à-dire de la distance du pôle à l'équateur ;

2º Le calcul ou système décimal.

---

1. Le méridien terrestre est un grand cercle qui, passant par les deux pôles, coupe l'équateur à angles droits.

UNITÉS DES MESURES.

5. Les unités des mesures du système métrique, au nombre de six, sont :

1º Le *mètre*, pour les longueurs, ou les mesures linéaires ;

2º L'*are*, pour les surfaces, ou les mesures superficielles ;

3º Le *stère* ou *mètre cube*, pour les volumes et la capacité des objets, ou les mesures cubiques ;

4º Le *litre*, pour les liquides et les matières sèches, ou les mesures de capacité ;

5º Le *gramme*, pour les pesées, ou les mesures de poids ;

6º Le *franc*, pour les monnaies, ou les mesures d'appréciation de valeur.

6. Pour exprimer les mesures ou les poids supérieurs aux unités principales, les unités du système métrique se multiplient par les mots :

Déca, qui veut dire   10 fois l'unité ;
Hecto,   —   100 fois l'unité ;
Kilo,   —   1 000 fois l'unité ;
Myria,   —   10 000 fois l'unité.

C'est ce qu'on appelle les *multiples*.

Un multiple est donc un nombre qui contient plusieurs fois un autre nombre exactement et sans reste ; 100 est multiple de 10, etc., parce que 10 fois 10 font 100 ; hecto est multiple de déca, etc.

7. Pour exprimer les mesures ou les poids inférieurs aux unités principales, les unités du système métrique se divisent et se subdivisent par les mots :

Déci, qui veut dire la 10e partie de l'unité ;
Centi, — 100e partie de l'unité ;
Milli, — 1 000e partie de l'unité.

C'est ce qu'on appelle les *sous-multiples*.

Un sous-multiple est donc un nombre compris plusieurs fois exactement dans un plus grand. Ici les sous-multiples sont décimaux, c'est-à-dire qu'ils se divisent de dix en dix.

8. *Sept mots* ont ainsi suffi à disposer la méthode de tout le système ; en ajoutant à ces sept mots les *six noms* des nouvelles unités, on a treize mots nouveaux à confier à sa mémoire pour connaître les multiples et les subdivisions de tout le système métrique.

9. Les dénominations employées pour exprimer les multiples sont tirées du grec ; les dénominations pour les sous-multiples sont tirées du latin ; elles sont les mêmes pour les diverses sortes d'unités du système métrique des mesures et des poids.

10. Plusieurs des unités du système métrique ne prennent pas tous les multiples.

Le *franc* n'en prend aucun ; on ne dit pas un *décafranc*, ni un *hectofranc*.

Le *stère* ne prend que le *déca*.

L'*are* ne prend que l'*hecto ;* on ne dit pas *hecto-are*, mais *hectare*.

Le *litre* ne prend pas le *myria*.

Le *mètre* et le *gramme* prennent tous les multiples et sous-multiples.

11. Il en est de même pour les sous-multiples.

Le *litre* ne prend pas le *milli*.

L'*are* ne prend que le *centiare ;* on ne dit pas *déciare*.

Le *stère* ne prend que le *déci*.

Le *franc* les prend tous ; mais au lieu de dire *décifranc*, on dit *décime, centime, millime*, comme on le voit dans le tableau ci-après.

TABLEAU DU SYSTÈME MÉTRIQUE.

MULTIPLES.				UNITÉS.	SOUS-MULTIPLES.		
10 000.	1000.	100.	10.		10^e	100^e	1000^e
Myria	Kilo	Hecto	Déca	MÈTRE	Déci	Centi	Milli
		Hecto		ARE		Conti	
			Déca	STÈRE	Déci		
	Kilo	Hecto	Déca	LITRE	Déci	Conti	
Myria	Kilo	Hecto	Déca	GRAMME	Déci	Conti	Milli
				FRANC	Décime	Centime	Millime

1.

Exercices sur la numération du système métrique.

1° Posez en chiffres quatre myria, huit kilo, sept hecto, quatre déca, six unités, trois déci, quatre centi ; plus vingt-deux kilo, treize déca, huit unités, neuf centi, quatre milli ; plus deux mille sept cent quatre unités, dix-huit milli ; plus trente hecto, quarante unités, dix-sept milli, et faites-en le total.

On fera remarquer, dans la deuxième quantité, que vingt-deux kilo font 2 myria et 2 kil., que treize déca font un hecto et 3 déca, et qu'alors il faut poser le 3 sous le 4, au rang des déca, le 1 au rang des hecto, etc.

Moyen indiqué pour les élèves commençants :

```
    m k h d u   d c m
    4 8 7 4 6, 3 4
    2 2 1 3 8, 0 9 4
      2 7 0 4, 0 1 8
      3 0 4 0, 0 1 7
         ——————————————
Total. . . 7 6 6 2 8, 4 6 9
```

Moyen indiqué pour les élèves plus avancés :

```
    4 8 7 4 6, 3 4
    2 2 1 3 8, 0 9 4
      2 7 0 4, 0 1 8
      3 0 4 0, 0 1 7
         ——————————————
Total. . . 7 6 6 2 8, 4 6 9
```

2° Posez quatre myria vingt-deux hecto, quatre déca et deux unités ; plus sept myria et sept déca, deux cent treize milli ; plus quarante-cinq mille, deux unités, trente centi, et faites-en le total.

Réponse : 157 314 unités 513 milli.

3° Posez trois myria, deux kilo, un hecto, deux déca, trois unités ; plus trente-deux kilo, vingt déca, six unités et vingt-six milli ; plus cent sept déca, six cent trente-deux milli, et faites-en le total.

Réponse : 65 399,658.

4° Posez vingt-cinq myria, vingt-deux centi ; plus quatre-vingts hecto trente-deux unités : deux cent milli ; plus mille sept unités ; plus onze mille déca, et trois cent quatre milli, et faites-en la somme.

Réponse : 369 039,724.

5° Posez vingt-huit mille deux hecto, sept unités dix-sept centi ; plus mille dix-neuf unités, huit cent quatre milli ; plus dix myria, dix hecto, dix unités, dix milli, et faites-en la somme.

Réponse : 2 902 236,984.

6° Posez dix-sept myria, quarante-huit déca, trente-neuf centi ; plus dix-huit mille vingt unités, quatre cent dix-sept milli ; plus deux cents hecto, vingt et une unités ; plus trois myria et dix milli, et faites-en le total.

7° Écrivez en chiffres deux mille hecto ; plus quatre mille déci ; plus quarante mille centi ; plus deux hecto, deux unités huit cent neuf milli, et faites-en la somme.

8° Posez mille deux myria, cent trente-cinq déca ; plus huit hecto, huit unités, huit centi, huit milli ; plus cent quarante-deux kilo, vingt unités, cent soixante-quinze milli, et faites-en le total.

9° Posez dix-sept mille unités ; plus deux cent dix milli ; plus quatre-vingts kilo ; plus cent deux déca, deux cent trente-cinq milli, et faites-en la somme.

10° Posez dix mille deux déca, quarante-huit milli ; plus deux cent trente hecto, dix-sept centi ; plus quatre mille dix hecto, un déci, et faites-en le total.

11° Écrivez en chiffres au tableau ou sur votre cahier neuf myria, trente déca, six milli ; plus quarante kilo, neuf centi ; plus mille deux unités, et faites le total.

12° Posez vingt-deux mille centi ; plus vingt-cinq milli ; plus quarante-neuf déca, faites le total et exprimez-le en toutes les divisions.

Questionnaire.

1. Qu'est-ce que le système métrique? — 2. Pourquoi ce système est-il appelé métrique? — 3. Pourquoi l'appelle-t-on aussi système légal? — 4. Sur quelles bases repose le système métrique? — 5. Quelles sont les unités des mesures? — 6. Comment les unités du système se multiplient-elles? — 7. Comment les unités se subdivisent-elles? — 8. Combien faut-il savoir de mots pour connaître le système métrique? — 9. D'où sont tirées les dénominations pour les multiples et pour les sous-multiples? — 10. Toutes les unités du système métrique ont-elles la série complète des multiples? — 11. En est-il de même pour les sous-multiples?

MESURES DE LONGUEUR OU LINÉAIRES.

Le mètre.

12. *Mesurer une longueur*[1], c'est déterminer combien elle contient de fois une mesure prise pour unité ou terme de comparaison.

[1]. On nomme *longueur* la distance d'un point à un autre point.

Par exemple, mesurer une distance en mètres, c'est la comparer avec le mètre, c'est chercher combien de fois le mètre y est contenu. Si la distance proposée a dix-huit mètres, il en résulte qu'elle est dix-huit fois plus grande qu'un seul mètre.

13. Le *mètre* est l'unité linéaire de mesure pour la longueur, la largeur, la hauteur, la profondeur ou l'épaisseur, telles que la longueur d'une chambre, la largeur d'une route, la profondeur d'un puits, la hauteur d'une maison ou l'épaisseur d'un mur.

14. Le mètre, unité fondamentale du système métrique, est, comme on l'a déjà vu, une mesure qui égale la dix-millionième partie du quart du méridien terrestre.

15. Les multiples du mètre sont :

Le *décamètre*, qui vaut   10 mètres;
L'*hectomètre*,   —   100 mètres;
Le *kilomètre*,   —   1 000 mètres;
Le *myriamètre*, — 10 000 mètres.

16. Les sous-multiples sont :

Le *décimètre*, qui vaut la 10e p. du mètre;
Le *centimètre*,   — 100e p. du mètre;
Le *millimètre*,   — 1 000e p. du mètre.

17. Le *décamètre*, millionième partie du quart du méridien, ou millième du myriamètre, ou centième du kilomètre, ou dixième de l'hecto-mètre, vaut 10 mètres, ou 100 décimètres, ou 1 000 centimètres, ou 10 000 millimètres.

L'*hectomètre*, cent-millième partie du quart du méridien, ou centième du myriamètre, ou dixième du kilomètre, vaut 10 décamètres ou 100 mètres, ou 1 000 décimètres ou 10 000 cen-timètres, ou 100 000 millimètres.

Le *kilomètre*, dix-millième partie du quart du méridien, ou dixième du myriamètre, vaut 10 hectomètres, ou 100 décamètres, ou 1 000 mè-tres, ou 10 000 décimètres, ou 100 000 centimè-tres, ou 1 000 000 de millimètres.

Le *myriamètre*, millième partie du quart du méridien[1], vaut 10 kilomètres, ou 100 hec-tomètres, ou 1 000 décamètres, ou 10 000 mè-tres, ou 100 000 décimètres, ou 1 000 000 de centimètres, ou 10 000 000 de millimètres.

18. Le *mètre*, dix-millionième partie du quart du méridien, vaut 10 décimètres, ou 100 centi-mètres, ou 1 000 millimètres.

19. Le *décimètre*, dixième partie du mètre, vaut 10 centimètres, ou 100 millimètres.

Le *centimètre*, centième partie du mètre, ou dixième du décimètre, vaut 10 millimètres.

Le *millimètre* est la dixième partie du centi-

1. Ici, on peut faire remarquer aux élèves que, de la même manière que le millimètre est contenu 1 000 fois dans le mètre, de même aussi le myriamètre est contenu 1 000 fois depuis l'équateur jusqu'au pôle.

mètre, ou la centième partie du décimètre, ou la millième partie du mètre[1].

20. On voit que toutes ces mesures se multiplient et se divisent de 10 en 10; de sorte que 10 millimètres font 1 centimètre; 10 centimètres font 1 décimètre; 10 décimètres font 1 mètre; 10 mètres font 1 décamètre; 10 décamètres font 1 hectomètre; 10 hectomètres font 1 kilomètre; 10 kilomètres font 1 myriamètre.

21. Les mesures de longueur se divisent en *mesures linéaires proprement dites* et en *mesures itinéraires.*

22. Le mètre et ses sous-multiples servent principalement pour les mesures linéaires proprement dites, telles que la mesure d'une pièce de toile, la longueur d'un mur, etc.

23. Le myriamètre, le kilomètre et l'hectomètre sont employés pour exprimer les mesures itinéraires, telles que celles de la distance d'une ville à une autre, de la longueur d'une route, etc.[2]

1. Même observation qu'au myriamètre.
2. Pour l'indication des mesures itinéraires, des bornes sont placées sur les routes à un kilomètre de distance l'une de l'autre. Dans quelques départements on les place à deux kilomètres. Un kilomètre est d'environ 1 330 pas; on peut le parcourir en douze ou treize minutes.

Décimètre de longueur naturelle, dixième partie du mètre.

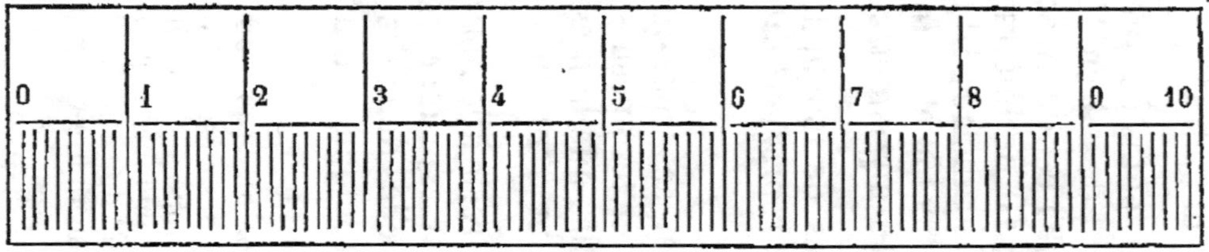

Les divisions de 1 à 2, de 2 à 3, etc., sont des centimètres ; les petites divisions sont des millimètres.

Mesures effectives de longueur; leurs usages.

24. On appelle *mesures effectives* ou *réelles,* celles qui sont autorisées par la loi, et qui sont employées pour les usages de la vie.

25. Les mesures effectives de longueur sont : 1° le *mètre ;* 2° le *double mètre* (2 mètres) ; 3° le *demi-mètre* (5 décimètres) ; 4° le *décamètre* (10 mètres) ; 5° le *double décamètre* (20 mètres) ; 6° le *demi-décamètre* (5 mètres) ; 7° le *décimètre ;* 8° le *double décimètre* (2 décimètres).

Le *mètre* en bois, en forme de règle plate, sert à mesurer les longueurs ordinaires : une ligne, un mur, une salle, une pièce de bois, une pièce d'étoffe et de toile. Cette règle est divisée en décimètres, en centimètres et en millimètres. Le *double mètre* en bois, divisé en décimètres et en centimètres, sert aux architectes, aux ingénieurs, aux entrepreneurs, etc. Le *demi-mètre en bois* a le même usage que le mètre en forme de règle plate; il peut servir pour mesurer des étoffes.

Le *décamètre* ou *chaîne d'arpenteur,* dont les anneaux en fer sont à deux décimètres de distance, et les anneaux jaunes à un mètre l'un de l'autre, est une mesure qui sert à arpenter et à évaluer les grandes distances comme une route, etc.; dans ce cas on compte par kilomètres (1 000 mètres), et par myriamètres (10 000 mètres);

ces derniers multiples sont appelés *mesures itinéraires*. Le *double décamètre* et le *demi-décamètre* servent aux mêmes usages.

Le *mètre pliant* et le *double décimètre à char-
nière* sont commodes à porter dans la poche et
servent particulièrement aux entrepreneurs, aux
ouvriers, etc. Le *double décimètre plat* ou *triangulaire*, divisé en millimètres, sert pour apprécier les petites dimensions comme l'épaisseur
d'une lame de couteau, d'une pièce de monnaie, etc. ; il sert aussi pour échelle aux architectes, aux dessinateurs, aux arpenteurs, pour la
construction des dessins et des plans.

La *roulette*, dont le ruban se roule sur un axe
placé dans un étui en carton, ou en cuir, ou en
bois, est une mesure commode pour mesurer le
pourtour des colonnes, des arbres, des voûtes;
elle est à l'usage des architectes, des entrepreneurs, etc. [1].

Rapports du mètre avec les autres mesures.

26. Toutes les mesures sont tellement liées
avec le mètre, que connaître le mètre, c'est les
connaître toutes. Ainsi une fois le mètre trouvé,
on peut se procurer toutes les autres mesures;
mais aussi détruire le mètre, c'est les détruire
toutes [2].

1. Cette mesure n'est reconnue ni par la loi ni par
les ordonnances qui ont indiqué les mesures effectives.
2. Pour retrouver le mètre dans tous les temps, sans

27. Voici comment les autres mesures se déduisent du mètre :

Un carré qui a dix mètres de longueur et dix mètres de largeur fait un *are*.

Un solide qui a un mètre de longueur, un de largeur et un d'épaisseur, forme un *stère*, ou *mètre cube*.

Une boîte qui a un décimètre de longueur, un de largeur et un de profondeur contient un *litre*.

Un volume d'eau, qui a un centimètre de longueur, un de largeur et un de profondeur ou d'épaisseur pèse un *gramme*.

Une pièce d'argent du poids de cinq grammes, ou de cinq centimètres cubes d'eau, et qui a vingt-trois millimètres de diamètre, est un *franc* ou l'unité monétaire.

Exercices et problèmes sur les mesures de longueur.

Lorsqu'on connaît le prix du mètre, il est facile de trouver le prix des multiples et des sous-multiples. Cela se fait par le déplacement de la virgule, soit à droite pour les sous-multiples, soit à gauche pour les multiples. Ceci est fondé sur ce principe connu en arithmétique que, lorsqu'il s'agit de rendre un nombre dix fois plus fort, il faut, s'il est simple, ajouter un zéro à sa droite, et, s'il est composé, il

être obligé de recourir à la mesure du méridien, on a fixé son rapport à celui du pendule qui fait cent mille oscillations dans un jour moyen; ce rapport est de $0^m,741\,833$ à l'Observatoire de Paris.

suffit de déplacer la virgule d'un rang vers la droite pour dix, de deux pour cent, de trois pour mille, etc. De même, pour rendre un nombre dix fois plus petit, il suffit de déplacer la virgule d'un rang en allant de droite à gauche, de deux rangs pour cent, etc.

Un mètre d'une certaine chose coûte	2 fr.	25 c.
Le décamètre coûtera	22,	50
L'hectomètre —	225,	»
Le kilomètre —	2250,	»
Le myriamètre —	22500,	»
Le décimètre —	0,	225
Le centimètre —	0,	0225
Le millimètre —	0,	00225

1° Posez vingt-cinq mètres trente centimètres; plus vingt décamètres, trois centimètres; plus quarante-deux kilomètres trente mètres, vingt-cinq millimètres, huit cent vingt décamètres, vingt-cinq centimètres, et faites-en le total.

Les commençants placeront les lettres initiales des multiples et des sous-multiples, et les plus avancés désigneront seulement l'unité comme on le voit ci-dessous :

m k h d m d c m		mèt.
2 5, 3 0		2 5, 3 0
2 0 0, 0 3		2 0 0, 0 3
4 2 0 3 0, 0 2 5		4 2 0 3 0, 0 2 5
8 2 0 0, 2 5		8 2 0 0, 2 5
Total : 5 0 4 5 5, 6 0 5		Total : 5 0 4 5 5, 6 0 5

2° Posez huit myriamètres, neuf hectomètres, cinq décamètres, neuf décimètres; plus cent kilomètres, quarante-cinq mètres, douze centimètres; plus dix-neuf hectomètres, six mètres, vingt-sept millimètres;

plus cent un myriamètres cent dix mètres et deux cent deux millimètres.

Réponse : 1 193 012 mètres 249 millimètres.

3º Posez quatre myriamètres, vingt décamètres, dix centimètres; plus deux cent quatre-vingts mètres, trente-huit millimètres; plus dix-huit kilomètres, vingt-deux mètres; plus quarante-deux mètres, trente centimètres, et faites-en le total.

Réponse : 58 544 mètres 438 millimètres.

4º Posez trois mille quinze myriamètres vingt-sept décamètres, cent quinze millimètres; plus mille deux cents kilomètres, trois cent vingt mètres, neuf centimètres; plus mille cinquante-sept hectomètres, quatre-vingt-quinze millimètres; plus dix mille dix décamètres et neuf décimètres.

Réponse : 34 556 394 mètres 200 millimètres.

5º Quatre pièces d'étoffe contiennent : la première, cent soixante-quinze mètres vingt-cinq centimètres; la deuxième, cent trente-cinq mètres, soixante-quinze centimètres; la troisième, quatre-vingt-un mètres, trente-cinq centimètres; et la quatrième, quatre-vingt-onze mètres, quatre-vingt-quinze centimètres; combien contiennent-elles de mètres?

Réponse : 484 mètres 30 centimètres.

6º J'ai acheté six cent quarante-sept mètres soixante-quinze centimètres de drap, pour 4 335 fr. 75 cent., sept cent cinquante-trois mètres quatre centimètres de toile pour 2 526 fr. 85 cent., quatre-vingt-six mètres quatre-vingt-quinze centimètres de velours pour 407 fr. 25 cent., et trois cent soixante-sept mètres trente-cinq centimètres d'indienne pour 634 fr. 65 cent.; combien ai-je acheté de mètres de marchandises, et combien dois-je payer pour le tout?

7° Un menuisier avait trois cent quarante-cinq mètres d'ouvrage à faire, il en a fait quatre-vingt-quinze mètres trente-cinq centimètres; combien lui en reste-t-il à faire?

8° Combien coûteront huit pièces de toile contenant chacune soixante-quinze mètres cinq centimètres, à raison de 3 fr. 85 c. le mètre?

9° Combien coûteront vingt-cinq centimètres de drap à 6 fr. 05 cent. le mètre?

10° A combien revient le décimètre de ruban lorsqu'on paye 8 fr. 2555 dix-mill. pour une pièce de soixante-quinze mètres cinq centimètres [1]?

Questionnaire.

12. Qu'est-ce que mesurer une longueur? — 13. Quelle est l'unité des mesures de longueur? — 14 Qu'est-ce que le mètre? Quelle est la longueur du quart du méridien terrestre? — 15 Quels sont les multiples du mètre? — 16 Quels sont les sous-multiples du mètre?— 17. Dites ce que vaut le décamètre en ses subdivisions. (Mêmes questions à l'hectomètre, au kilomètre, etc., jusqu'au n° 20.) — 21. Qu'appelle-t-on mesures linéaires et mesures itinéraires? — 22. Quels sont les usages du mètre et de ses sous-multiples? — 23. Quel est l'emploi du myriamètre, du kilomètre, de l'hectomètre? — 24. Qu'appelle-t-on mesures effectives ou réelles? — 25 Quelles sont les mesures effectives de longueur? — 26. Les autres mesures sont-elles liées avec le mètre?— 27. Quels sont les rapports qui existent entre le mètre et les autres mesures, et comment se déduisent-elles du mètre?

1. Voir les problèmes de récapitulation, depuis le 1er jusqu'au 10e.

MESURES DE SURFACE OU SUPERFICIELLES.

28. Les mesures de surface ou de superficie ont pour élément le *carré*. Elles comprennent les *mesures de surface proprement dites*, les *mesures agraires* et les *mesures topographiques*.

Le mètre carré.

29. Pour mesurer la surface d'un mur, d'un plancher, d'un plafond, etc., on emploie comme unité le carré[1] dont chaque côté a un mètre, et pour mesurer une feuille de papier ou toute autre superficie, on prend pour unité le carré qui a un décimètre ou un centimètre de longueur sur chaque côté, de sorte que l'on proportionne toujours l'unité de mesure à la surface qu'on veut évaluer. Si la surface proposée contient 36 mètres carrés, on en conclut qu'elle est trente-six fois plus grande qu'un seul mètre carré.

30. Le *mètre carré* est une surface qui a 1 mètre de longueur et 1 mètre de largeur.

Le mètre linéaire contient 10 décimètres, mais le mètre carré contient 100 décimètres carrés, ou 10 000 centimètres carrés, ou 1 000 000

---

1. On appelle *carré* une surface renfermée par quatre lignes droites de même longueur, formant quatre angles droits.

de millimètres carrés, parce qu'il est le produit de sa longueur multipliée par la largeur. Or, 10 fois 10 décimètres de côté font 100 décimètres de superficie; 100 fois 100 centimètres font 10 000 centimètres carrés.

31. Le mètre carré a les mêmes multiples et sous-multiples que le mètre linéaire. Le millimètre est peu usité.

32. Le *décamètre carré* est un carré de 10 mètres de côté, ayant 100 mètres carrés de superficie; en mesure agraire, c'est l'are.

L'*hectomètre carré* est un carré de 100 mètres de côté, ayant 10 000 mètres carrés de superficie; en mesure agraire, c'est l'hectare.

Le *kilomètre carré* est un grand carré dont chaque côté a 1 000 mètres de longueur, et dont la superficie a 1 000 000 de mètres carrés.

Le *myriamètre carré* est un grand carré dont chaque côté a 10 000 mètres de longueur, et dont la superficie est de 100 000 000 de mètres carrés.

33. Le *mètre carré* est un carré qui contient 100 décimètres carrés, ou 10 000 centimètres carrés, ou 1 000 000 de millimètres carrés.

34. Le *décimètre carré* est un carré qui a 1 décimètre ou 10 centimètres de côté; il contient 100 centimètres carrés, ou 10 000 millimètres carrés.

Le *centimètre carré* est un petit carré qui a 1 centimètre ou 10 millimètres de côté; il contient 100 millimètres carrés.

35. D'après ces principes, on voit que les mesures de superficie ne se divisent ni ne se multiplient plus de 10 en 10 comme les mesures de longueur, mais de 100 en 100, c'est-à-dire comme le carré de leur côté. Par exemple : un décamètre carré ne signifie plus 10 mètres, mais 100 mètres carrés; un décimètre carré ne marque plus la 10ᵉ partie du mètre, mais la 100ᵉ partie du mètre carré. Ainsi donc, pour représenter par un nombre décimal une surface de 45 mètres carrés, 8 décimètres carrés, 6 centimètres carrés, on écrit 45 mètres carrés 0806, parce que le centimètre carré est la dix-millième partie du mètre carré.

Usages du mètre carré.

36. Le *mètre carré* sert à mesurer les surfaces de petite dimension, telles qu'un mur, un plancher, un plafond, etc.

Lorsque la surface est de petite dimension, on se sert du *décimètre carré* ou du *centimètre carré*.

Lorsqu'il s'agit de mesurer une très-grande étendue en topographie, au lieu d'employer le mètre carré qui est une unité trop petite, on se sert du *kilomètre carré* et du *myriamètre carré* [1].

1. Ce sont les mesures topographiques.

Mesures agraires. L'are.

37. *Mesurer une surface ou une superficie* [1], c'est déterminer combien de fois elle contient une autre surface prise pour l'unité de mesure. Le carré qu'on prend pour terme de comparaison est proportionné à la grandeur de la surface à évaluer.

Ainsi pour mesurer un terrain, on prend ordinairement pour unité le carré nommé *are* qui a un décamètre ou dix mètres de côté.

38. L'*are* (*fig.* 1) est une surface carrée de 10 mètres de longueur sur 10 mètres de largeur, ou 100 mètres carrés de superficie : c'est le décamètre carré.

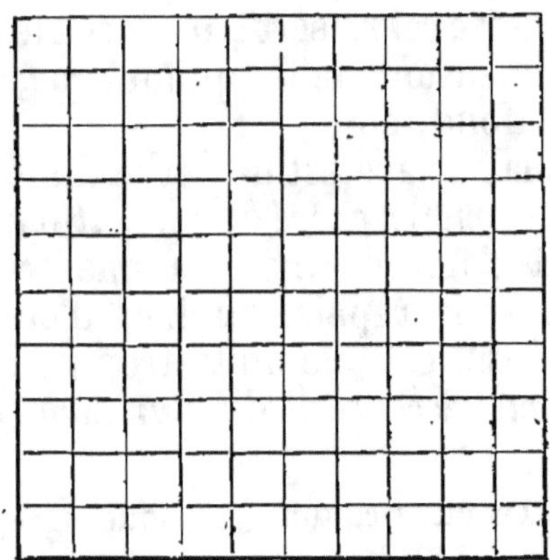

Fig. 1.

1. On appelle *surface* ou *superficie* un espace renfermé entre des lignes.

On voit d'après cette figure qu'un mètre carré contient 100 décimètres carrés, un décimètre carré 100 centimètres carrés, ou qu'un are contient 100 centiares. En effet, chaque côté du carré étant divisé en 10 parties, il s'ensuit que, menant par tous les points de division des lignes transversales et parallèles, le carré se trouve divisé en 100 petits carrés qui représentent les décimètres carrés, ou des centiares s'il s'agit de l'are. De là on conclut que le mètre carré contenant 100 décimètres et l'are 100 centiares, les décimètres carrés et les centiares s'écrivent après l'unité au rang des centièmes.

39. Le multiple de l'are est l'*hectare*, qui vaut 100 ares : c'est l'hectomètre carré.

40. Le sous-multiple de l'are est le *centiare*, qui vaut la centième partie de l'are : c'est le mètre carré.

41. L'*hectare* est un carré de 100 mètres de côté ou 10 000 mètres carrés de superficie ; il contient 100 ares, ou 10 000 centiares ou mètres carrés.

42. L'*are*, dixième partie de l'hectare, contient 100 centiares ou mètres carrés.

43. Le *centiare*, centième partie de l'are, ou dix-millième partie de l'hectare, n'est autre que le mètre carré.

44. On ne se sert pas des dénominations *décare* et *déciare*, parce que la longueur des côtés du carré est assujettie à l'ordre décimal, c'est-à-dire que le carré a 1 mètre, ou 10 mètres, ou 100 mètres de côté, et que les surfaces qui en résultent sont de 1 mètre carré, 100 mètres carrés, 10 000 mètres carrés, et par conséquent suivent la progression de cent en cent fois plus grandes; ce qui empêche qu'il n'y ait des *décares* et des *déciares*.

Usages des mesures agraires.

45. Il n'y a pas de mesures agraires réelles ou effectives; on ne mesure pas une surface en y appliquant un mètre carré ou un are, comme on applique le mètre linéaire sur une pièce d'étoffe; mais on mesure certaines lignes ou dimensions de la figure à évaluer avec une mesure réelle de longueur, dont il a été parlé ci-dessus (nº 25).

L'are, son multiple et son sous-multiple, sont employés pour mesurer toutes les terres labourables, comme champs, vignes, prés, bois, jardins, etc.

Mesures topographiques. Leur usage.

46. Quand il s'agit d'évaluer une grande étendue de pays, comme une contrée, un département, une commune, on prend pour unité de mesure, non plus l'are ni l'hectare, mais le *kilomètre carré* et le *myriamètre carré*. C'est ce que

l'on appelle *mesures topographiques* et *mesures géographiques*.

Tableau résumé des mesures de surface.

47. En résumé, on voit que :

1° Lorsqu'il s'agit d'une surface d'étendue moyenne, comme dans la construction des bâtiments, l'on emploie les unités : *mètre carré, décimètre carré, centimètre carré* et *millimètre carré* ; mais alors, quel que soit le nombre des mètres, on ne se sert pas des mots : *décamètre carré, hectomètre carré, kilomètre carré, myriamètre carré* ; on dit : 2 520 mètres carrés au lieu de dire 25 décamètres carrés 20 mètres ;

2° Lorsqu'il s'agit d'évaluer de grandes superficies topographiques, telles qu'une ville, une contrée, les unités *myriamètre carré* et *kilomètre carré* sont employées ;

3° Lorsqu'il s'agit d'évaluer un terrain, on se sert des unités *hectare, are* et *centiare ;* on dit : 1 540 hectares, 59 ares, 65 centiares.

Rapports des mesures de surface avec les autres mesures.

48. Il existe plusieurs rapports entre l'are et le mètre ; les voici :

1 *are* a	10 mètres de long et		10 de large.		
1 *hectare*	100 mètres	—	et	100	—
1 *centiare*	· 1 mètre	—	et	1	—

2.

49. Voici les rapports qui existent entre les mesures topographiques et les mesures agraires :

1 *myriamètre carré* équivaut à	10000	hectares.
1 *kilomètre carré*	— 100	hectares.
1 *hectomètre carré*	— 1	hectare.
1 *décamètre carré*	— 1	are.
1 *mètre carré*	— 1	centiare.

50. Il existe également plusieurs rapports entre les mesures des surfaces et les mesures des solides :

Un *mètre carré* est la base (ou une face) du mètre cube.

Un *décimètre carré* est la base (ou une face) d'un décimètre cube.

Un *centimètre carré* est la base (ou une face) d'un centimètre cube.

51. Voici les rapports qui existent entre les mesures des surfaces et les surfaces de capacité :

Une boîte de forme cubique dont les côtés ont un mètre carré, contient un *kilolitre*.

Une boîte de forme cubique comme la précédente, dont les côtés ont un décimètre carré, contient un *litre*.

Une boîte de forme cubique, dont les côtés ont un centimètre carré sur toutes ses faces, contient un millième de litre (cette dernière mesure n'est pas usitée dans le commerce).

Si l'on remplit d'eau ces mesures, la première pèsera **1 000** kilogrammes, la deuxième pèsera un kilogramme, la troisième pèsera un gramme.

Exercices et problèmes sur les mesures de surface.

Quand on connaît le prix de l'are, il suffit, pour trouver le prix de l'hectare, de multiplier ce prix par cent; or, on sait que pour multiplier un nombre par cent il faut, si le nombre est composé, déplacer la virgule de deux rangs vers la droite, et, s'il est simple, ajouter deux zéros.

Pour avoir le prix du centiare on recule la virgule de deux rangs vers la gauche.

Ainsi, l'are de terre valant   25 f., 50 c.
    L'hectare vaudra   2550,   »
    Le centiare vaudra   0,   255

Le mètre carré se divisant aussi en cent décimètres, il faut, pour avoir le prix du décimètre, déplacer la virgule de deux rangs vers la gauche, et de quatre rangs pour le centimètre.

Ainsi, le mètre carré de planche
    coûtant   3 f., 60 c.
    Le décimètre coûtera   0,   036
    Le centimètre coûtera   0,   00036

1° Posez vingt-quatre mètres carrés, quinze décimètres, trente centimètres carrés; plus deux cent dix mètres carrés, cinq décimètres, et huit centimètres carrés; plus quarante-six décamètres carrés, sept mètres carrés, trente centimètres carrés et cinq millimètres carrés; plus douze hectomètres carrés, cinquante mètres carrés et vingt-cinq millimètres carrés, et faites-en le total.

On n'oubliera pas qu'il faut deux chiffres pour représenter les décimètres carrés, deux pour les centimètres et deux pour les millimètres; cela tient à ce qu'il faut cent parties de la subdivision pour former l'entier de celle qui lui est immédiatement supérieure.

Voici un moyen indiqué pour les commençants :

```
hect.c. d. c. m. c.  d.   c.   milli.
         2 4, 1 5. 3 0.
         2. 1 0, 0 5. 0 8.
       4 6. 0 7, 0 0. 3 0. 0 5
     1 2. 0 0. 5 0, 0 0. 0 0. 2 5
Total. . 1 2. 4 8. 9 1, 2 0. 6 8. 3 0
```

En voici un autre pour les élèves plus avancés :

```
              m. c.
            2 4, 1 5 3 0
          2 1 0, 0 5 0 8
        4 6 0 7, 0 0 3 0 0 5
      1 2 0 0 5 0, 0 0 0 0 2 5
Total. . 1 2 4 8 9 1, 2 0 6 8 3 0
```

2° Posez dix hectares, dix-sept ares, vingt centiares ; plus trente hectares, sept ares, cinq centiares, plus six hectares vingt ares et quinze centiares, et faites-en le total.

Réponse : 4 644 ares, 40 centiares, ou 46 hectares, 44 ares, 40 cent.

3° Un menuisier ayant planchéié une salle dont la superficie est de cinquante mètres carrés, vingt décimètres carrés, pour 420 fr. 30 cent.; plus un vestibule de quinze mètres dix centimètres carrés, pour 52 fr. 85 cent.; plus un cabinet de vingt mètres carrés, et trente décimètres, pour 53 fr. 55 cent.; combien a-t-il fait de mètres carrés, et combien doit-il recevoir ?

Réponse : 85 mètres carrés, 50 décimètres, 10 centimètres carrés, pour la somme de 526 fr. 70 cent.

4° Un peintre, ayant terminé un ouvrage de peinture, fait le métrage et obtient les résultats suivants: 1° vingt-quatre mètres carrés, trente-deux décimètres de lambris, pour 102 fr. 50 cent.; 2° un placard de six mètres, quatre-vingt-quatre millimètres carrés, pour 30 fr. 47 cent.; 3° une porte de cinq mètres soixante-dix centimètres carrés, pour 24 fr.35 cent.; et une armoire de cinq mètres carrés, pour 25 fr.; combien de mètres carrés a-t-il peints, et quelle somme recevra-t-il?

Réponse : 40 mètres carrés, 32 décimètres carrés, 70 centimètres carrés, 84 millimètres carrés, pour la somme de 182 fr. 02 cent.

5° Un couvreur doit couvrir en ardoises une maison dont le toit a deux cent cinquante mètres, dix décimètres et treize centimètres carrés de superficie, pour la somme de 1 520 fr. 40 cent.; il en a fait cent dix mètres, dix décimètres carrés, douze centimètres, et a reçu 950 fr. 45 cent.; combien lui en reste-t-il à faire et combien lui redoit-on?

Réponse. 140 mètres carrés, 1 centimètre, et on redoit 569 fr. 65 cent.

6° Un ouvrier a deux mètres d'ouvrage à faire dans sa journée; à neuf heures il en a fait cinquante décimètres, et cinq centimètres carrés; combien lui en reste-t-il?

7° Combien coûteront trois cent cinquante-deux mètres, huit décimètres, neuf centimètres de maçonnerie à 3 fr. 50 cent. le mètre carré?

8° Combien coûtera une pièce de terre de deux cent dix hectares, huit ares, six centiares, à 30 fr. l'are?

9° A combien revient le décimètre carré de plafond lorsqu'on paye 85 fr. 30 c., pour huit mètres quarante centimètres?

10° Que coûte l'are de terre lorsque vingt-huit hectares dix-sept centiares reviennent à 42240 fr.[1]?

Questionnaire.

28. Quel est l'élément des mesures de surface, et que comprennent-elles ? — 29. Comment mesure-t-on la surface d'un mur, d'un plafond, etc? — 30. Qu'est-ce que le mètre carré? — 31. Les multiples et sous-multiples du mètre carré sont-ils les mêmes que pour le mètre linéaire? Quelle différence y a-t-il entre le mètre carré et le mètre linéaire? — 32. Qu'est-ce que le décamètre carré, l'hectomètre carré, le kilomètre carré, le myriamètre carré? — 33. Quels sont les sous-multiples du mètre carré? — 34. Qu'est-ce que le décimètre carré, le centimètre carré? — 35. Quelle différence établissez-vous entre les mesures de surface et les mesures de longueur? Comment écririez-vous 45 mètres, 8 décimètres, 6 centimètres carrés?—36. Quels sont les usages du mètre carré? — 37. Qu'est-ce que mesurer une surface? Quelle est l'unité des mesures agraires? — 38. Qu'est-ce que l'are?—Démontrez que dans un mètre carré il y a 100 décimètres carrés. Tracez un carré d'un mètre de long et d'un mètre de large; puis divisez chacun de ses côtés en dix parties. — Qu'obtiendrez-vous si vous joignez ces points de division par des lignes parallèles et perpendiculaires? — 39. Quel est le multiple de l'are? — 40. Quel est le sous-multiple de l'are? — 41. Qu'est-ce que l'hectare? — 42. Combien l'are contient-il de centiares? — 43. Qu'est-ce que le centiare? — 44. Pourquoi n'emploie-t-on pas les dénominations *déciare* et *décare*? — 45. Quels sont les usages de l'are, de son multiple, de son sous-multiple? — 46. Mais quand il s'agit de mesurer un département, un royaume, se sert-on de l'are ou de l'hectare pour unité? Qu'appelle-t-on mesures topographiques? — 47. Qu'emploie-t-on pour mesurer une petite superficie, une grande superficie, un terrain? — 48. Quels

1. Voir les problèmes de récapitulation depuis le 11e jusqu'au 20e.

sont les rapports qui existent entre les mesures de surface et les autres mesures. — 49. Quels sont les rapports qui existent entre les mesures topographiques et les mesures agraires? — 50. Quels sont les rapports qui existent entre les mesures des surfaces et les mesures des solides? — 51. Quels sont les rapports qui existent entre les mesures des surfaces et les mesures de capacité?

MESURES DE VOLUME OU DE SOLIDITÉ.

Le mètre cube.

52. *Mesurer un solide* [1], c'est déterminer combien de fois il contient un cube [2] pris pour unité de mesure. Le cube qu'on prend pour unité doit être proportionné au volume [3] qu'on veut évaluer.

Ainsi, pour mesurer un solide de grande dimension, on prend pour unité le cube qui a un mètre de longueur, de largeur et d'épaisseur ou hauteur. Quand on veut évaluer des corps de plus petite dimension que le mètre cube, on prend pour unité ses sous-multiples.

53. Le *mètre cube* (*fig.* 2) est un cube dont les six faces sont des carrés égaux, et ont un mètre sur chaque dimension : comme mesure de bois

1. On appelle *solide* un corps qui a les trois dimensions: longueur, largeur et épaisseur.

2. Un cube est un solide dont la surface présente six carrés égaux. Le dé à jouer est un cube.

3. Le volume est l'espace occupé par un corps.

de chauffage, c'est le *stère*, et comme mesure de capacité, c'est le *kilolitre*.

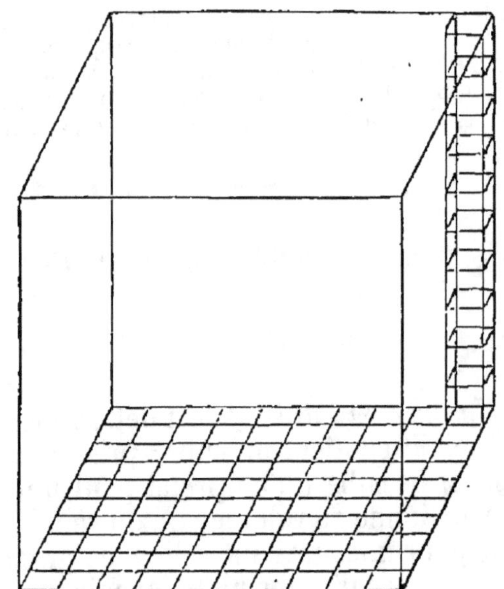

Fig. 2.

54. Cette figure du mètre cube, à l'échelle de 4 centimètres pour 1 mètre, est divisé en 1 000 décimètres cubes. Le fond de ce cube étant partagé comme il est marqué ci-dessus en 100 décimètres carrés, si sur chacun de ces décimètres carrés on place un décimètre cube, on en placera 100 sur la base, et 9 couches égales de 100 décimètres cubes pourront être superposées sur la couche de la base, de sorte qu'on aura dix couches de chacune 100 décimètres cubes, et 1 000 pour le mètre cube. Par cette

démonstration on se rend facilement compte comment un mètre cube contient 1 000 décimètres cubes.

55. Les multiples et les sous-multiples du mètre cube sont les mêmes que pour le mètre linéaire. On dit : un décamètre cube ; on emploie peu l'hectomètre cube et encore moins le kilomètre cube.

56. Le *décimètre cube* est un solide dont les six faces carrées ont 1 décimètre de côté ; comme mesure de capacité, c'est le litre.

Le *centimètre cube* est un solide dont les six faces carrées ont 1 centimètre de côté ; comme mesure de capacité, c'est le millième du litre.

Le *millimètre cube* est un solide dont les six faces carrées ont 1 millimètre de côté.

57. Le *décamètre cube* est un solide qui a 10 mètres de long, 10 mètres de large et 10 mètres d'épaisseur.

L'*hectomètre cube* est un solide qui a 100 mètres de long, 100 mètres de large et 100 mètres d'épaisseur.

58. Le mètre cube contient 1 000 décimètres cubes, ou 1 000 000 de centimètres cubes, ou 1 000 000 000 de millimètres cubes.

59. Le décimètre cube, millième partie du mètre cube, contient 1 000 centimètres cubes ou 1 000 000 de millimètres cubes.

Le centimètre cube, millionième partie du

2. A. *Syst. métr.*   3

mètre cube, ou millième du décimètre cube, contient 1 000 millimètres cubes.

60. Le décamètre cube contient 1 000 mètres cubes, ou 1 000 000 de décimètres cubes, ou 1 000 000 000 de centimètres cubes, etc.

L'hectomètre cube vaut 1 000 décamètres cubes, ou 1 000 000 de mètres cubes, ou 1 000 000 000 de décimètres cubes, etc.

61. Par ce qui vient d'être exposé, on voit que les mesures de volume ne se multiplient ni ne se divisent pas de 10 en 10 comme les mesures de longueur, ni de 100 en 100 comme les mesures des surfaces, mais de 1 000 en 1 000, c'est-à-dire comme le cube de leurs arêtes, de sorte qu'un décimètre cube ne signifie plus la 10e partie ni la 100e du mètre, mais la 1 000e partie du mètre cube.

Ainsi, pour représenter par un nombre décimal un certain nombre de mètres cubes et de décimètres cubes, on n'oubliera pas que le décimètre cube est la 1 000e partie du mètre cube. Soit à écrire, par exemple, 75 mètres cubes, 34 décimètres cubes; il faut écrire : 75 mètres cubes, 034 décimètres cubes. De même, pour désigner 45 décimètres cubes et 86 centimètres cubes, on écrira 0^m,045086, parce que le centimètre est la millionième partie du mètre cube.

2.

Usages du mètre cube.

62. Le mètre cube et ses sous-multiples servent à évaluer le volume ou la solidité des corps, tels qu'une masse de terre ou de pierre, un bloc de marbre, une planche, une pièce de bois de construction, etc., ou la capacité des objets, tels qu'une chambre, une citerne, un puits, un tonneau, etc., en un mot, tout ce qui renferme les trois dimensions, longueur, largeur et hauteur ou épaisseur.

Le stère.

63. Quand il s'agit de mesurer le bois de chauffage et de construction, le mètre cube est bien encore l'unité de volume, mais alors il reçoit le nom de *stère*.

64. Le *stère* est un solide d'un mètre de longueur, d'un mètre de largeur, et d'un mètre d'épaisseur ou hauteur : c'est le mètre cube.

65. Le seul multiple du stère est le *décastère*, qui vaut 10 stères.

66. Le seul sous-multiple du stère est le *décistère*, qui vaut la dixième partie du stère.

67. Le *décastère* est un solide de 10 mètres de long, sur 1 mètre de large et 1 mètre de hauteur ou d'épaisseur ; il vaut 10 stères, ou 10 mètres cubes, ou 100 décistères, ou enfin 10 000 décimètres cubes, etc.

68. Le stère contient 10 décistères; 10 stères font 1 décastère.

69. Le décistère, dixième du stère, est un solide d'un mètre de long, d'un mètre de large et d'un décimètre, d'épaisseur ou hauteur.

Usages du stère.

70. Le stère sert à mesurer les bois de chauffage et de construction. Quand il s'agit de mesurer des quantités de bois considérables, on emploie le décastère.

71. Il n'y a pas de mesures réelles ou effectives de volume, excepté pour les bois de chauffage. On ne mesure pas un volume en cherchant directement combien de fois il contient le mètre cube, le décimètre cube, etc.; mais on mesure avec le mètre ou le décimètre linéaire certaines dimensions d'un solide dont on veut avoir le volume, et l'on en déduit le volume ou la capacité au moyen d'un calcul.

72. Les marchands de bois de chauffage sont tenus d'avoir des membrures de stère, de double stère et de demi-décastère. La première mesure a 1 mètre de couche et 1 mètre de hauteur; la deuxième, 2 mètres de couche et 1 mètre de hauteur; la troisième, 3 mètres de couche et 1 mètre 667 millimètres.

Le *double stère* est la mesure la plus usuelle; en voici la forme (*fig. 3*).

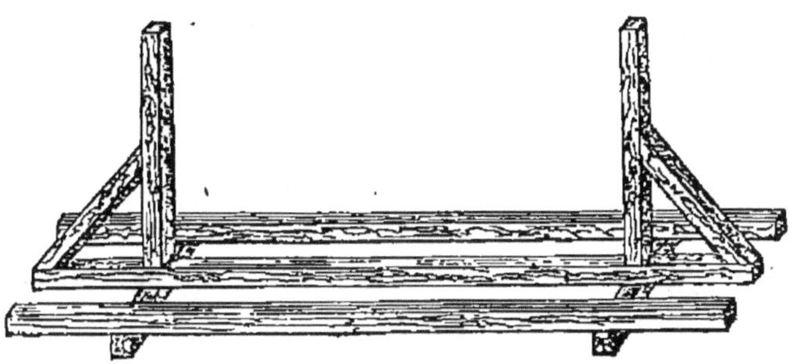

Fig. 3. Membrure du double stère (échelle de 0ᵐ,025 p. 1ᵐ).

Comme on le voit, la membrure du stère et de ses multiples se compose d'une *couche* ou *sole*, de deux *montants* et de deux *contre-fiches*. La couche est horizontale et est comprise entre les deux montants, qui sont verticaux. Le bois de chauffage, qui a ordinairement un mètre de longueur, est placé entre les deux montants.

L'emploi de ces mesures est actuellement d'un moindre usage, le bois de chauffage se vendant au poids comme les autres marchandises.

Rapports du mètre cube et du stère avec les autres mesures.

75. Il existe plusieurs rapports entre les mesures de volume et les mesures de longueur.

Un mètre cube ou stère a un mètre de long, de large et d'épaisseur.

Un décimètre cube a un décimètre de long, de large et d'épaisseur.

Un centimètre cube a un centimètre ou dix millimètres de long, de large et d'épaisseur.

74. Voici les rapports existants entre les mesures de volume et les mesures de surface.

Un mètre cube a un mètre carré sur toutes les faces.

Un décimètre cube a un décimètre carré sur toutes les faces.

Un centimètre cube a un centimètre carré sur toutes les faces.

75. Voici les rapports entre les mesures de volume et les mesures de capacité.

Une boîte d'un mètre cube ou de 1,000 décimètres contient un kilolitre.

Une boîte de 100 décimètres cubes ou un décistère contient un hectolitre.

Une mesure de 10 décimètres cubes contient un décalitre.

Une mesure de 1 décimètre cube contient un litre.

Une mesure de 100 centimètres cubes contient un décilitre.

Une mesure de 10 centimètres cubes contient un centilitre.

Une mesure de 1 centimètre cube contient un millième de litre (cette mesure n'est pas usitée dans le commerce).

76. Enfin voici les rapports entre les mesures de volume et les mesures de poids.

1 mètre cube d'eau pèse 1000 kilogrammes, poids du tonneau de mer.

100 décimètres cubes d'eau pèsent 100 kilo-grammes, poids du quintal métrique.

10 décimètres cubes d'eau pèsent 10 kilo-grammes, ou 1 myriagramme.

1 décimètre cube d'eau pèse 1 kilogramme.
100 centimèt. cubes d'eau pèsent 1 hectogram.
10 centimèt. cubes d'eau pèsent 1 décagramm.
1 centimèt. cube d'eau pèse 1 gramme.
100 millimèt. cubes d'eau pèsent 1 décigramme.
10 millimèt. cubes d'eau pèsent 1 centigramm.
1 millimèt. cube d'eau pèse 1 milligramm.

Exercices et problèmes sur les mesures de volume.

Quand on a le prix du mètre cube, il suffit de déplacer la virgule de trois rangs vers la gauche pour avoir le prix du décimètre, parce que le dé-cimètre est la millième partie du mètre cube ; or, on sait que, pour diviser un nombre par mille, il faut déplacer la virgule de trois rangs vers la gauche.

Ainsi : Le mètre cube de bois coûte   60 f.
Le décimètre cube coûtera   0, 06
Le centimètre cube coûtera   0, 00006

Une fois le prix du stère connu, le prix du déca-stère est 10 fois plus, et celui du décistère 10 fois moins que le prix du stère.

Ainsi : Le stère de bois coûte   10 f. 30 c.
Le décastère vaut   103   00
Le décistère vaut   1   03

1° Posez 26 mètres cubes, 300 décimètres et 201 centimètres cubes ; plus 208 mètres cubes, 4 décimètres cubes, 88 centimètres et 412 millimètres cubes ; plus 35 mètres cubes, 35 décimètres cubes, 35 centimètres cubes ; plus 18 mètres et 18 millimètres cubes, et faites le total [n° 66].

Voici la solution :

Pour les commençants :

m. cub.	d. cub.	c. cub.	mil. cub.
2 6,	3 0 0.	2 0 1.	
2 0 8,	0 0 4.	0 8 8.	4 1 2
3 5,	0 3 5.	0 3 5.	
1 8,	0 0 0.	0 0 0.	0 1 8
2 8 7,	3 3 9.	3 2 4.	4 3 0

Pour les plus avancés :

m. cub.

```
  2 6,3 0 0 2 0 1
2 0 8,0 0 4 0 8 8 4 1 2
  3 5,0 3 5 0 3 5
  1 8,0 0 0 0 0 0 0 1 8
2 8 7,3 3 9 3 2 4 4 3 0
```

2° Posez 218 stères, 2 décistères ; plus 24 décastères, 8 stères, 7 décistères ; plus 1 décastère et 1 décistère ; plus 15 015 stères et 2 décistères, et faites le total.

Voici la solution :

Pour les commençants :

D. st. d.
2 1 8, 2
2 4 8, 7
1 0, 1
1 5 0 1 5, 2
1 5 4 9 2, 2

Pour les plus avancés :

stèr.
2 1 8, 2
2 4 8, 7
1 0, 1
1 5 0 1 5, 2
1 5 4 9 2, 2

3° Un charpentier désire savoir le total de 4 pièces de bois qu'il vient d'acheter : la première cube 1 mètre 80 centimètres ; la deuxième 78 décimètres et 30 millimètres, la troisième 2 mètres 25 décimètres et 42 centimètres, et la quatrième 1 mètre 10 décimètres, 100 centimètres et 10 millimètres cubes ; combien a-t-il de mètres cubes ?

Réponse : 4 mètres cubes, 113 décimètres, 222 centimètres, 040 millimètres.

4° Un marchand de bois en a vendu dans le courant d'une semaine, les stères suivants, savoir : le lundi, 83 décastères, 5 stères et 7 décistères ; le mardi, 75 stères, 3 décistères ; le mercredi, 965 stères, 3 décistères ; le jeudi, 733 stères, 5 décistères ; le vendredi, 45 décastères, 1 décistère ; le samedi, 891 stères, 8 décistères ; combien en a-t-il vendu en tout ?

Réponse : 3 951 stères, 7 décistères.

5° Un menuisier a acheté 38 mètres cubes de noyer, pour 2 280 fr. ; il en a reçu 24 mètres, 52 décimètres, 62 centimètres, et a donné 1 580 fr. 45 c. ; combien doit-il encore en recevoir, et combien doit-il encore d'argent ?

Réponse : il recevra 13 mètres cubes, 947 décimètres, 938 centimètres ; il payera 699 fr. 55 c.

6° J'ai acheté 82 stères de bois pour 320 fr. ; j'en ai reçu 62 stères, 8 décistères, et j'ai donné 284 fr. 05 c. ; combien redois-je et combien m'est-il encore dû de stères ?

7° Combien coûteront 34 décimètres, 28 centimètres cubes de bois, à 54 fr. 45 cent. le mètre cube ?

8° Que faut-il payer pour 28 décastères, 9 décistères de bois de chauffage, lorsque le stère coûte 8 fr. 60 cent. ?

3.

9° A combien revient le décimètre cube de pierre, lorsqu'on paye 440 fr. 20 cent. pour 3 mètres, 9 décimètres cubes?

10° Combien coûte le stère de bois quand on paye 440 fr. 20 cent., pour 42 stères 7 décistères?

Questionnaire.

52. Qu'est-ce que mesurer un solide? — 53. Quelle est l'unité des mesures de solidité? — 54. Qu'est-ce que le mètre cube? — 55. Quels sont les multiples du mètre cube? — 56. Qu'est-ce que le décimètre cube? Qu'est-ce que le centimètre et le millimètre cubes? — 57. Qu'est-ce que le décamètre cube? Qu'est-ce que l'hectomètre cube? — 58. Combien faut-il de décimètres cubes pour faire un mètre cube. — 59. Que vaut le décimètre cube? Que vaut le centimètre cube? — 60. Que vaut le décamètre cube? Et l'hectomètre cube? — 61. Que remarquez-vous par rapport aux mesures de solidité? Comment écririez-vous 75 mètres cubes, 34 décimètres? — 62. Quels sont les usages du mètre cube et de ses subdivisions? — 63. De quoi se sert-on pour mesurer le bois de chauffage? — 64. Qu'est-ce que le stère? — 65. Quel est le multiple? — 66. Et le sous-multiple du stère? — 67. Qu'est-ce que le décastère? Combien le décastère vaut-il de stères? — 68. Comment se divise le stère? — 69. Qu'est-ce que le décistère? — 70. A quoi sert le stère? — 71. Y a-t-il des mesures réelles ou effectives pour les volumes? Comment mesure-t-on les volumes? — 72. Qui sont ceux qui sont tenus d'avoir des menihrures? — 73. Quels sont les rapports qui existent entre les mesures de volume et les mesures de longueur? — 74. Quels sont les rapports qui existent entre les mesures de solidité et les mesures de surface? — 75. Quels sont les rapports qui existent entre les mesures de solidité et les mesures de capacité? — 76. Quels sont les rapports qui existent entre les mesures de solidité et les mesures de poids?

MESURES DE CAPACITÉ OU DE CONTENANCE.

Le litre.

77. *Mesurer les liquides ou les matières sèches,* c'est déterminer combien de fois elles sont contenues dans une mesure de forme cubique ou cylindrique, prise pour unité. Cette mesure est le *litre,* qui a un décimètre linéaire sur toutes ses dimensions; mais au lieu de lui laisser la forme cubique, qui eût été incommode, on lui a donné la forme cylindrique, comme on peut le voir chez les marchands.

78. Le *litre* est une mesure dont la capacité ou la contenance égale celle d'un décimètre cube.

79. Les multiples du litre sont :

Le *décalitre,* qui vaut   10 litres.
L'*hectolitre,*   —   100 litres.
Le *kilolitre,*   —   1 000 litres.

80. Les sous-multiples du litre sont :

Le *décilitre,* qui vaut la   10ᵉ partie du litre.
Le *centilitre,*   —   la   100ᵉ partie du litre.
Le *millilitre,*   —   la 1 000ᵉ partie du litre
                                       (inusité).

81. Le *décalitre,* dixième de l'hectolitre, centième du kilolitre, est une mesure de 10 décimètres cubes, qui contient 10 litres, ou 100 décilitres, ou 1 000 centilitres.

82. L'*hectolitre*, dixième du kilolitre, est une mesure de 100 décimètres cubes. qui contient 10 décalitres ou 100 litres, ou 1 000 décilitres, ou 10 000 centilitres.

83. Le *kilolitre* est une mesure d'un mètre cube, qui contient 10 hectolitres, ou 100 décalitres, ou 1 000 litres, ou 10 000 décilitres, ou 1 000 000 de centilitres.

84. Le *litre*, dixième du décalitre, est une mesure d'un décimètre cube, qui contient 10 décilitres, ou 100 centilitres.

85. Le *décilitre*, dixième du litre, est une mesure de 100 centimètres cubes, qui contient 10 centilitres.

86. Le *centilitre*, dixième du décilitre, centième du litre, est une mesure de 10 centimètres cubes.

Usages du litre.

87. Le litre, ses multiples et sous-multiples sont d'un usage très-fréquent. Ils servent à mesurer la plupart des objets nécessaires à la vie : le blé, l'orge, l'avoine, les pommes de terre, les haricots, le lait, le vin, l'eau-de-vie, et toutes les liqueurs.

Pour donner à la vente des divers objets toute la commodité qu'on peut désirer, chacune des mesures de capacité, depuis l'hectolitre jusqu'au centilitre, a son double et sa moitié ; ainsi il y a le double litre, le demi-litre, etc., ce qui porte à seize la série des mesures de capacité, et répond à tous les besoins pour les liquides et les matières sèches.

Le litre est employé pour les liquides et pour la vente de la farine et des légumes verts ou secs. Le décalitre et le double décalitre sont employés dans la vente des grains en détail. L'hectolitre est employé pour le mesurage des grains; on évalue aussi le vin à l'hectolitre. Le kilolitre, à raison de son volume, n'est employé que comme mesure de compte. Le décilitre n'est employé que pour mesurer les graines qui servent dans l'horticulture. Le centilitre ne s'emploie que pour la vente des préparations chimiques et pharmaceutiques. Le millilitre n'est usité que dans les calculs; on dit alors : millième de litre.

Mesures effectives de capacité.

88. Les mesures de capacité en usage dans le commerce ont la forme cylindrique, comme étant plus commode pour le mesurage.

89. Les mesures pour les matières sèches, telles que les grains, sont en bois de chêne et ont une hauteur égale au diamètre (*fig.* 4); voici leurs noms, leurs dimensions et leur contenance depuis le kilolitre jusqu'au décilitre.

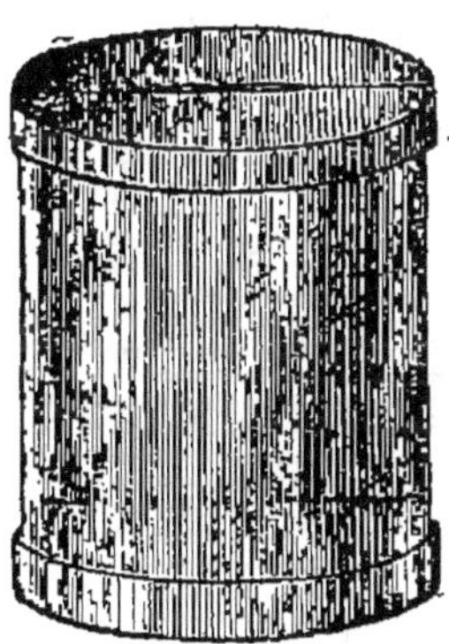

Fig. 4. Forme du décalitre en bois.

Noms des mesures.	haut. et diam.	contenance.
Kilolitre (mèt. cube).	1^m,084 7	1 000 litres.
Demi-kilolitre . . .	0 ,860	500
Double hectolitre . .	0 ,633 8	200
Hectolitre.	0 ,503 1	100
Demi-hectolitre. . .	0 ,399 3	50
Double décalitre . .	0 ,294 2	20
Décalitre.	0 ,233 5	10
Demi-décalitre . . .	0 ,185 3	5
Double litre. . . .	0 ,156 6	2
Litre (décim. cube). .	0 ,108 4	1 litre.
Demi-litre	0 ,086 0	5 décil.
Double décilitre. . .	0 ,063 3	5^c du litre.
Décilitre (10 centilit.).	0 ,050 3	10^c du litre.

90. Les mesures pour les liquides, tels que le vin, l'huile et le lait, sont en métal d'étain, de fer-blanc et de cuivre ou tôle ; elles ont une hauteur double de leur diamètre pour celles en étain, et une hauteur égale à leur diamètre pour celles en fer-blanc, en tôle, ou en cuivre (*fig.* 5 *et* 6) ; voici leurs noms, leurs dimensions et leurs contenance :

Noms des mesures.	diam.	haut.	conten.
Hectolitre . . .	0^m,399 3	0^m,798 5	100 litres.
Demi-hectolitre. .	0 ,316 9	0 ,633 8	50
Double décalitre. .	0 ,233 5	0 ,467 0	20
Décalitre. . . .	0 ,185 3	0 ,370 6	10
Demi-décalitre. .	0 ,147 1	0 ,294 2	5
Double litre. . .	0 ,108 4	0 ,216 7	2
Litre.	0 ,086 0	0 ,172 0	1
Demi-litre . . .	0 ,068 3	0 ,135 6	5 décilitres.
Double décilitre. .	0 ,050 3	0 ,100 6	5^c du litre.
Décilitre . . .	0 ,039 9	0 ,079 9	10^c du litre.

Demi-décilitre . .	0 ,0317	0 ,0634	5 centil.
Double centilitre .	0 ,0234	0 ,0467	5ᵉ du décil.
Centilitre. . . .	0 ,0185	0 ,0271	10ᵉ du décil.

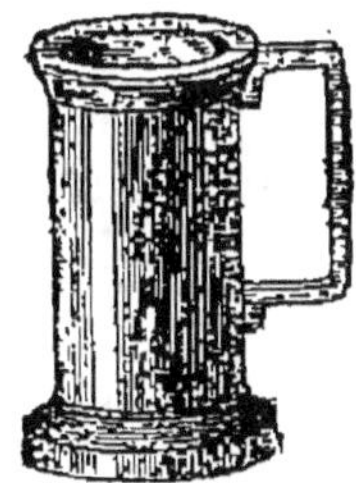

Fig. 5. Forme du litre
en étain pour le vin.

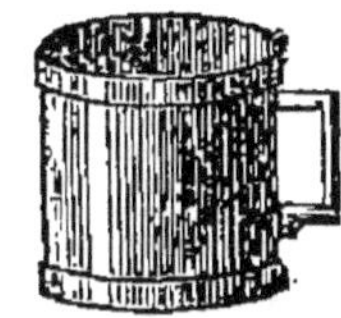

Fig. 6. Forme du litre en
fer-blanc pour le lait.

91. Quand on veut évaluer la capacité d'un tonneau (*fig.* 7), on calcule en hectolitres et en litres. On se sert ordinairement, pour reconnaître cette capacité, d'une baguette en fer, divisée sur sa longueur ; cette baguette est introduite obliquement par la bonde ; on l'enfonce aussi loin qu'elle peut aller, et les divisions de la baguette indiquent la contenance de la barrique en litres. Comme il peut arriver que la bonde ne soit pas placée exactement au milieu du tonneau, on enfonce la jauge à droite et à gauche ; si les résultats ne sont pas les mêmes, on les ajoute ensemble, puis l'on on prend la moitié.

Fig. 7.

Rapports des mesures de capacité avec les autres mesures.

92. Il existe plusieurs rapports entre les mesures de capacité et les mesures de volume; les voici :

1 kilolitre   équivaut à 1 m. cube ou 1 000 d. c.
1 demi-kilol.   —   1/2 mètre c. —   500 d. c.
1 double hect.   —   5e du m. c. —   200 d. c.
1 hectolitre   —   10e du m. c. —   100 d. c.
1 demi-hectol. —   20e du m. c. —   50 d. c.
1 double décal. —   50e du m. c. —   20 d. c.
1 décalitre   —   100e du m. c. —   10 d. c.
1 demi-décal. —   200e du m. c. —   5 d. c.
1 double litre —   500e du m. c. —   2 d. c.
1 litre   — 1,000e du m. c. —   1 d. c.
1 demi-litre   — moitié du d. c. —   500 c. c.
1 double décil. —   5e du d. c. —   200 c. c.
1 décilitre   —   10e du d. c. —   100 c. c.
1 demi-décil. —   20e du d. c. —   50 c. c.
1 double cent. —   50e du d. c. —   20 c. c.
1 centilitre   —   100e du d. c. —   10 c. c.

93. Voici les rapports des mesures de capacité avec les mesures de poids :

1 kilolitre rempli d'eau [1] pèse 1 000 k. ou 1 000 000 g.
1 demi-kilolitre   —   500 kilogrammes.
1 double hectol.   —   200 kilog.
1 hectolitre   —   100 kilog.

1. On suppose qu'elle est pure.

1 demi-hectolitre	—	50 kilog.
1 double décalitre	—	20 kilog.
1 décalitre	—	10 kilog.
1 demi-décalitre	—	5 kilog.
1 double litre	—	2 kilog.
1 litre	—	1 kilog.
1 demi-litre	—	5 hect. ou 500 gr.
1 double décilitre	—	2 hect. ou 200 gr.
1 décilitre	—	1 hect. ou 100 gr.
1 demi-décilitre	—	5 décagr. ou 50 gr.
1 double centilitre	—	2 décagr. ou 20 gr.
1 centilitre	—	1 décagr. ou 10 gr.

Exercices et problèmes sur les mesures de capacité.

Lorsqu'on connaît le prix de l'hectolitre, du décalitre ou du litre, il est facile d'obtenir le prix des autres mesures ; cela se fait en multipliant ou en divisant par dix, par cent, etc.

Mettons l'hectolitre de blé à		20 fr.	
Le kilolitre coûtera.		200	
Le décalitre	—	2	
Le litre	—	0	,20
Le décilitre	—	0	,02

Pour avoir le prix des doubles et des moitiés de chaque mesure, il faut doubler chaque prix ou en prendre la moitié.

Ainsi : Si le décalitre coûte		2 fr.
	Le double décalitre vaudra	4
	Et le demi-décalitre	1

1° Posez vingt-huit hectolitres, trois litres, vingt-deux centilitres ; plus quarante-trois décalitres, dix centilitres ; plus cinquante-deux hectolitres, trois décalitres, cinq décilitres; plus quatre kilolitres, quatre litres, quatre centilitres, et faites-en le total.

Voici la solution :

Pour les commençants :

Pour les plus avancés :

k. h. d. lit. d. c.	litres.
2 8 0 3, 2 2	2 8 0 3, 2 2
4 3 0, 1 0	4 3 0, 1 0
5 2 3 0, 5 0	5 2 3 0, 5 0
4 0 0 4, 0 4	4 0 0 4, 0 4
1 2 4 6 7, 8 6	1 2 4 6 7, 8 6

2° Posez vingt kilolitres, soixante-neuf décalitres, huit litres ; plus six cent un hectolitres, vingt-trois litres, quarante-neuf centilitres; plus dix mille décalitres, neuf litres, onze centilitres, plus quarante-cinq mille trois cent sept litres et huit centilitres : quel sera le total ?

Réponse : 226 137 litres 68 centilitres.

3° Un marchand de vin a acheté trois pièces; la première contient deux hectolitres, trente litres, et coûte 60 fr. 30 cent.; la deuxième contient trois cent dix-huit litres, quinze centilitres, et coûte 134 fr. 75 cent.; et la troisième contient trois hecto-litres, huit décilitres, et coûte 235 fr. 45 cent.; combien a-t-il acheté de litres de vin, et pour quelle somme ?

Réponse : 848,95 pour 430 fr. 50 cent.

4° Un propriétaire a trois greniers : le premier contient cent dix hectolitres de blé; le second trois cent dix-sept décalitres; le troisième contient dix-neuf doubles décalitres : il demande combien il a de décalitres dans ses trois greniers.

Réponse : 1455 décalitres.

5° Si je devais cinq cent sept kilolitres d'eau-de-vie, et que j'en livrasse deux cent trente-sept hecto-litres, trente-deux litres, quatre centilitres, combien on devrais-je encore?

Réponse : 483 267 litres 96 centilitres.

6° Un marchand de blé avait cinq cent quatre-vingts hectolitres de blé dans un grenier ; il en vend trois cent dix-huit doubles décalitres ; combien lui en reste-t-il?

7° A 4 fr. 03 cent. le double décalitre de blé, combien devra-t-on payer pour quatre cent dix-sept hectolitres, cinq litres, cinq décilitres, et que ga-gnera-t-on dessus si on le revend 2 fr. 50 cent. le décalitre?

8° Combien coûteront quatre pièces de vin con-tenant chacune deux cent cinquante litres, huit centi-litres, si l'on achète ce vin à raison de 40 fr. 08 cent. l'hectolitre, et qu'on paye 15 fr. 10 c. pour l'entrée de chaque pièce ?

9° Combien coûte le décilitre de vin de Bordeaux, lorsqu'on paye 240 fr. 50 cent. une barrique de la contenance de deux hectolitres, soixante-quinze litres ?

10° A combien revient le décalitre et le double décalitre de blé, quand on paye 4 500 fr. pour deux cent vingt-cinq hectolitres, neuf litres?

Questionnaire.

77. Qu'est-ce que mesurer les liquides ou les matières sèches ? Quelle est l'unité de mesure pour les liquides ou pour les matières sèches, et quelle en est la forme ? — 78. Qu'est-ce que le litre? — 79. Quels sont les mul-tiples du litre? — 80. Quels sont les sous-multiples du

litre? — 81. Qu'est-ce que le décalitre? — 82. Qu'est-ce que l'hectolitre? — 83. Qu'est-ce que le kilolitre? — 84. Que contient le litre? — 85. Que contient le décilitre, et combien en faut-il pour remplir un demi-litre. un litre? — 86. Qu'est-ce que le centilitre, et combien en faut-il pour remplir un demi-décilitre, un décilitre, un double centilitre? — 87. Quels sont les usages du litre, de ses multiples et sous-multiples? Ces mesures n'ont-elles pas un double et une moitié? — 88. Quelles sont les mesures effectives et quelle est leur forme? — 89. Quelles sont les dimensions des mesures pour les matières sèches sous la forme cylindrique? — 90. Dites les dimensions que doivent avoir les mesures pour les liquides sous la forme cylindrique. Dites la contenance des unes et des autres. — 91. Comment évalue-t-on la capacité d'un tonneau? — 92. Quels sont les rapports qui existent entre les mesures de capacité et les mesures de volume? — 93. Quels sont les rapports qui existent entre les mesures de capacité et les mesures de poids?

MESURES DE POIDS.

Du gramme.

94. *Peser un objet, c'est déterminer combien il pèse de fois un poids pris pour unité.* Pour peser les objets, on se sert ordinairement de balances; dans un des plateaux ou bassins, on met les corps dont on veut connaître la pesanteur; dans l'autre plateau on met les poids.

95. Le *gramme* est une mesure de pesée qui égale le poids d'un centimètre cube d'eau pure,

distillée et pesée dans le vide à son maximum de densité et à quatre degrés centigrades au-dessus de la glace fondante (*fig.* 8).

Fig. 8. Grandeur réelle du gramme.

96. Les multiples du gramme sont :

Le *décagramme*, qui vaut	10	grammes.
L'*hectogramme*, —	100	grammes.
Le *kilogramme*, —	1 000	grammes.
Le *myriagramme*, —	10 000	grammes.

97. Les sous-multiples du gramme sont :

Le *décigramme*, qui vaut la	10ᵉ	partie du gr.
Le *centigramme*, —	100ᵉ	partie du gr.
Le *milligramme*, —	1 000ᵉ	partie du gr.

98. Le *décagramme*, centième du kilogramme et dixième de l'hectogramme, est un poids qui pèse 10 grammes, ou 100 décigrammes, ou 1 000 centigrammes, ou 10 000 milligrammes.

L'*hectogramme*, dixième du kilogramme, est un poids qui pèse 10 décagrammes, ou 100 grammes, ou 1 000 décigrammes, ou 10 000 centigrammes, ou 100 000 milligrammes.

Le *kilogramme* est un poids qui pèse 10 hectogrammes, ou 100 décagrammes, ou 1 000 grammes, ou 10 000 décigrammes, ou 100 000 centigrammes, ou 1 000 000 de milligrammes.

Le *myriagramme* est un poids qui pèse 10 kilogrammes, ou 100 hectogrammes, ou 1 000 décagrammes, ou 10 000 grammes, ou 100 000 décigrammes. ou 1 000 000 de centigrammes, ou 10 000 000 de milligrammes.

99. Le *gramme*, 1 000ᵉ du kilogramme. 100ᵉ de l'hectogramme et 10ᵉ du décagramme, est un poids qui pèse 10 décigrammes, ou 100 centigrammes, ou 1 000 milligrammes.

100. Le *décigramme*, dixième du gramme, vaut 10 centigrammes, 100 milligrammes.

Le *centigramme*, centième du gramme, dixième du décigramme, vaut 10 milligrammes.

Le *milligramme* est la 1000ᵉ partie du gramme, la 100ᵉ partie du décigramme, la 10ᵉ partie du centigramme.

101. Le kilogramme a de plus pour composés nominaux, mais non effectifs : le *tonneau de mer* et le *quintal métrique*.

Le poids de 1 000 kilogrammes est reconnu comme poids du tonneau de mer.

Le poids de 100 kilogrammes est reconnu comme quintal métrique.

102. Ces divers poids représentent chacun le poids d'un volume d'eau déterminé. Ainsi le kilogramme est le poids d'un décimètre cube d'eau, et le décagramme celui de dix centimètres cubes d'eau. Le tonneau de mer est le poids d'un mètre cube d'eau.

105. Chacun de ces poids a son double et sa moitié.

Usages du gramme, de ses multiples et sous-multiples.

104. Le gramme, ses multiples et sous-multiples servent à évaluer le poids d'une grande partie des choses nécessaires à la vie, telles que le pain, la viande, le beurre, le sucre, etc. Le kilogramme est d'un usage très-fréquent : le pain, la viande, etc., se vendent au kilogramme. Le myriagramme est fréquemment employé dans les maisons de commerce, les chemins de fer et les roulages pour évaluer le poids des marchandises. On ne se sert du poids du tonneau de mer et du quintal métrique que pour la cargaison des bâtiments sur les ports de mer. L'hectogramme, le décagramme et le gramme sont employés comme subdivisions du kilogramme dans les évaluations ordinaires. Le décigramme et le centigramme sont employés pour les produits pharmaceutiques et pour peser des objets précieux, tels que l'or, l'argent, les diamants et les bijoux, et dans ce dernier cas, on se sert aussi du milligramme.

Poids effectifs.

105. Les poids effectifs peuvent se distinguer en gros poids, en moyens poids et en petits poids.

106. Depuis le poids de 50 kilogrammes ou demi-quintal métrique jusqu'au kilogramme, les poids sont en fonte et ont la forme d'une pyramide tronquée (*fig.* 9 *et* 10); ils sont munis d'un anneau qui sert à les soulever.

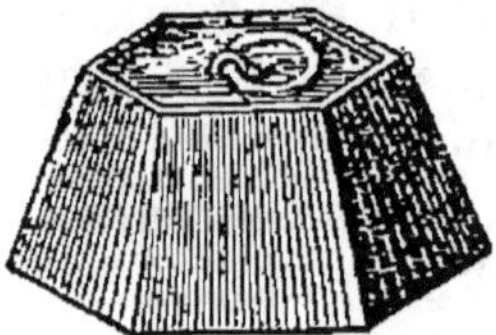

Fig. 9.

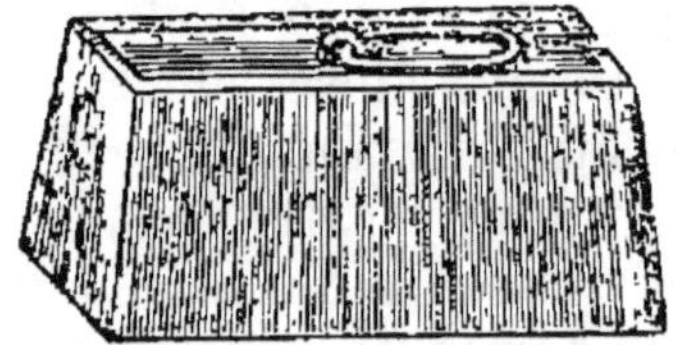

Fig. 10.

1 demi-quintal métrique pèse
50 kilogrammes, ou   50 000 gr.
1 double myriagramme pèse 20
kilogrammes, ou   20 000 gr.
1 myriagramme pèse 10 kilogrammes, ou   10 000 gr.
1 demi-myriagramme pèse 5 kilogrammes, ou   5 000 gr.
1 double kilogramme pèse 2 kilogrammes, ou   2 000 gr.

107. A partir du kilogramme jusqu'au milligramme, les poids sont en cuivre jaune et ont la forme cylindrique ou celle d'un godet[1] (*fig.* 11 *et* 12); les premiers sont surmontés d'un bouton qui sert à les manier.

1. Il y a aussi des poids en fonte ou en fer jusqu'au demi-hectogramme.

Fig. 11.

Fig. 12.

108. Les poids au-dessous du gramme sont en petites plaques ou lames minces en cuivre ou en platine (*fig.* 13).

Fig. 13.

1 kilogramme (poids d'un décimètre cube) pèse	—		1 000 gr.
1 demi-kilogramme,	—		500 gr.
1 double hectogramme,	—		200 gr.
2 hectogrammes,	—	chacun	100 gr.
1 demi-hectogramme,	—		50 gr.
1 double décagramme,	—		20 gr.
2 décagrammes,	—	chacun	10 gr.
1 demi-décagramme,	—		5 gr.
2 doubles grammes,	—	chacun	2 gr.
1 gramme (poids d'un centimètre cube),	—		1 gr.

La somme de ces treize poids doit être égale à deux kilogrammes.

1 demi-gramme pèse	5 décigr.
1 double décigramme, ou	2 décigr.
2 décigrammes, chacun la 10e partie du gramme, ou	10 centig.

4

1 demi-décigramme, ou	5 centig.
1 double centigramme, 5e partie du décigramme, ou	2 centig.
2 centigrammes, chacun la 10e partie du décigramme, ou	1 centig.
1 demi-centigramme, ou	5 millig.
2 doubles milligrammes, chacun	2 millig.
1 milligramme, la 1 000e partie du gramme.	

Ces douze poids pèsent un gramme, et deviennent nécessaires pour faire des pesées depuis un milligramme jusqu'au gramme.

Rapports des mesures de poids avec les autres mesures.

109. Les mesures de surface, de volume et de capacité se déduisent naturellement du mètre linéaire, parce qu'elles résultent des dimensions qui ne peuvent être déterminées qu'en mesures de longueur; mais il n'en est pas de même des mesures de pesanteur, qui, considérées abstractivement, sont indépendantes de toute dimension. Cependant, pour en lier le système à celui des mesures linéaires, on a déterminé que l'unité des mesures de pesanteur serait le poids d'un centimètre cube d'eau : telle est donc la pesanteur du *gramme;* mais le gramme, élément de tous les poids, étant un poids très-faible, on prend pour unité courante le poids de mille grammes ou kilogramme.

110. Voici les rapports existant entre les mesures de poids et les mesures de capacité.

Le poids du tonneau de mer (1 000 kilogrammes) égale le poids d'un kilolitre ou d'un mètre cube d'eau.

Le quintal métrique (100 kilogrammes) pèse un hectolitre ou 100 décimètres cubes d'eau.

Le demi-quintal métrique (50 kilogrammes) pèse un demi-hectolitre ou 50 décimètres cubes d'eau.

Le double myriagramme (20 kilogrammes) pèse un double décalitre ou 20 décimètres cubes d'eau.

Le myriagramme égale le poids d'un décalitre ou 10 décimètres cubes d'eau.

Le demi-myriagramme égale le poids d'un demi-décalitre ou 5 décimètres cubes d'eau.

Le double kilogramme égale le poids d'un double litre ou 2 décimètres cubes d'eau.

Le kilogramme égale le poids d'un litre ou 1 décimètre cube d'eau.

Le demi-kilogramme égale le poids d'un demi-litre ou 500 centimètres cubes d'eau.

Le double hectogramme égale le poids d'un double décilitre ou 200 centimètres cubes d'eau.

L'hectogramme égale le poids d'un décilitre ou 100 centimètres cubes d'eau.

Le demi-hectogramme égale le poids d'un demi-décilitre ou 50 centimètres cubes d'eau.

Le double décagramme égale le poids d'un double centilitre ou 20 centimètres cubes d'eau.

Le décagramme égale le poids d'un centilitre ou 10 centimètres cubes d'eau.

Le demi-décagramme égale le poids d'un demi-centilitre ou 5 centimètres cubes d'eau.

Le double gramme égale le poids d'un double millilitre ou 2 centimètres cubes d'eau.

Le gramme égale le poids d'un centimètre cube d'eau ou 1 000 millimètres cubes d'eau.

Le demi-gramme égale le poids d'un demi-centimètre cube d'eau ou 500 millimètres cubes d'eau.

Le double décigramme égale le poids de 200 millimètres cubes d'eau.

Le décigramme égale le poids de 100 millimètres cubes d'eau.

Le demi-décigramme égale le poids de 50 millimètres cubes d'eau.

Le double centigramme égale le poids de 20 millimètres cubes d'eau.

Le centigramme égale le poids de 10 millimètres cubes d'eau.

Le demi-centigramme égale le poids de 5 millimètres cubes d'eau.

Le double milligramme égale le poids de 2 millimètres cubes d'eau.

Le milligramme égale le poids d'un millimètre cube d'eau.

Exercices et problèmes sur les poids.

Une fois le prix du kilogramme connu, on trouve facilement le prix de tous les autres poids.

Supposons le prix du kilogramme d'une marchandise quelconque à   25 fr.

L'hectogramme	vaut	2, 50
Le décagramme	—	0, 25
Le gramme	—	0, 025
Le décigramme	—	0, 0025
Le centigramme	—	0, 00025
Le milligramme	—	0, 000025

Le poids de 10 kilogrammes ou le le myriagramme   vaut   250 fr.

Le quintal métrique   —   2500

On voit que tout se fait par le moyen de la multiplication par dix, par cent, etc.

Pour les doubles et les moitiés, il faut prendre le double ou la moitié du prix de chaque mesure : si le prix du gramme est de 0 f. 025 m., le double gramme vaudra 0 f. 05 c. et le demi-gramme 0,0125.

1º Posez deux cent trente-deux grammes, vingt-sept centigrammes ; plus vingt-un kilogrammes, huit décagrammes, six centigrammes ; plus sept hectogrammes, sept décigrammes, sept milligrammes ; plus six myriagrammes, six décagrammes, huit décigrammes, six milligrammes, et faites-en le total.

Voici la solution :

Pour les commençants :

m	k	h	d	gr	d	c	m
0	0	2	3	2,	2	7	0
2	1	0	8	0,	0	6	0
0	0	7	0	0,	7	0	7
6	0	0	6	0,	8	0	6

Total 8 2 0 7 3, 8 4 3

Pour les plus avancés :

gr

0	0	2	3	2,	2	7	0
2	1	0	8	0,	0	6	0
0	0	7	0	0,	7	0	7
6	0	0	6	0,	8	0	6

Total 8 2 0 7 3, 8 4 3

2º Posez huit cent deux kilogrammes, huit grammes, vingt-neuf milligrammes ; plus trente-deux

4.

myriagrammes, deux hectogrammes, sept décigrammes ; plus cent quatre-vingt-sept hectogrammes, dix-neuf centigrammes, deux milligrammes ; plus six myriagrammes, sept décagrammes, huit décigrammes et neuf milligrammes, et faites-en le total.

Réponse : 1 200 kilogram. 979 gram. 730 milligr.

3° On a payé 40 fr. 75 cent. pour douze hectogrammes de marchandises, 75 fr. 40 cent. pour soixante-dix décagrammes, 184 fr. 25 cent. pour 3 kilogrammes, et 2840 fr. pour 6 myriagrammes 810 milligrammes ; combien a-t-on dépensé, et combien a-t-on reçu de grammes de marchandises ?

Réponse : 64 900 kilogr. 81 décigr. pour 3 140 f. 40 c.

4° On demande le poids que traîne un cheval sur une voiture chargée de cinquante kilogrammes, trente grammes de café, vingt-cinq pains de sucre, pesant chacun un double myriagramme, quatre sacs de sel, pesant chacun un quintal métrique, une barrique d'eau, contenant deux hectolitres trente-deux litres, trente-cinq centilitres, et le poids de la voiture avec celui de la barrique étant de quatre quintaux métriques.

Réponse : 1 582 kilogrammes 380 grammes.

5° Un épicier a reçu huit cent quarante-huit kilogrammes, soixante-quinze centigrammes de sucre, sur neuf mille neuf cent quarante-sept kilogrammes qu'il avait achetés ; combien doit-il encore en recevoir ?

Réponse : 9 098 kilogram. 999 grammes 25 cent.

6° Une citerne étant remplie d'eau en contient trois cents hectolitres, on en retire vingt mille kilogrammes, deux cent vingt grammes, douze centigrammes ; combien reste-t-il encore de kilogrammes d'eau ?

7º A 80 cent. le kilogramme de fer, combien payera-t-on pour une botte qui pèse huit myriagrammes, vingt décagrammes, huit centigrammes ?

8º A 4 fr. 50 cent. le kilogramme de soie, combien payera-t-on pour un écheveau qui pèse quatre décagrammes, huit décigrammes ?

9º A combien revient l'hectogramme de sucre, lorsqu'on paye 18 fr. 15 cent. pour un pain qui pèse neuf kilogrammes, huit décagrammes, cinq grammes ?

10º Un épicier reçoit six caisses qui contiennent huit cent douze kilogrammes de fruits secs ; combien chaque caisse en contient-elle, et à combien revient le décagramme, quand on sait qu'il a payé 980 fr. pour les caisses ?

Questionnaire.

94. Qu'est-ce que peser un objet ? — 95. Qu'est-ce que le gramme ? — 96. Quels sont les multiples du gramme ? — 97. Quels sont les sous-multiples du gramme ? — 98. Quelle est la valeur du décagramme ? Quelle est la valeur de l'hectogramme ? Quelle est la valeur du kilogramme ? Qu'est-ce que le myriagramme ? — 99. Quelle est la valeur du gramme ? — 100. Quelle est la valeur du décigramme ? Quelle est la valeur du centigramme ? Quelle est la valeur du milligramme ? — 101. Qu'est-ce que le tonneau de mer et le quintal métrique ? — 102. Ces poids ne représentent-ils pas un volume d'eau déterminé ? — 103. Les poids n'ont-ils pas leur double et leur moitié ? — 104. Quels sont les usages du gramme et des autres poids qui en dérivent ? — 106. Dites en quel métal sont les poids ; nommez toute la série. — 107. De quel métal sont les poids à partir du kilogramme ? — 108. Quels sont les plus petits poids ? — 109. Quelles sont les mesures qui se déduisent du mètre et comment a-t-on lié le système des poids avec les autres mesures ? — 110. Quels sont les rapports qui existent entre les mesures de pesanteur et les mesures de solidité et de capacité ?

MESURES DE MONNAIE.

Du franc.

111. Chaque substance ayant une valeur relative particulière, dépendante de l'importance de ses usages, de sa rareté, ou même du caprice, il suit de là qu'on prend la valeur d'une petite masse métallique pesant cinq grammes, et composée de neuf dixièmes d'argent avec un dixième de cuivre, pour unité des monnaies ; de sorte qu'estimer un objet en numéraire, c'est déterminer combien cet objet vaut de fois l'*unité monétaire* légalement reconnue. En France, l'unité monétaire est le *franc*, dont l'alliage est un dixième de cuivre avec neuf dixièmes de fin ou d'argent.

L'alliage sert à donner une dureté que n'aurait pas la pièce de monnaie si elle était en argent ou en or pur. D'un autre côté, la différence de valeur entre l'argent et le cuivre sert à couvrir les frais de fabrication. On voit, par tout ce que l'on vient de dire, que le degré de pureté de la monnaie, ou son *titre*[1], est à neuf dixièmes ou 900 millièmes.

112. Comme il serait impossible de donner aux pièces d'or ou d'argent des poids qui fussent exactement ceux qu'indique le *titre*, la loi tolère

---

1. On appelle *titre* des métaux le degré auquel le métal pur se trouve allié avec un métal inférieur.

une différence en plus ou en moins de deux millièmes du poids de la pièce (quand elle est en or), et c'est ce que l'on appelle *tolérance*.

113. Le *franc* est une pièce d'argent du poids de cinq grammes, contenant neuf dixièmes d'argent pur ou de fin, et un dixième ou un demi-gramme de cuivre (*fig.* 14).

Fig. 14.

114. Le franc n'a pas de multiples; on ne dit pas : *décafranc, hectofranc, etc.*, mais on dit : *dix francs, cent francs, etc.*

115. Les sous-multiples du franc sont :
Le *décime*, qui vaut la 10ᵉ partie du franc ;
Le *centime*, qui vaut la 100ᵉ partie du franc ;
Le *millime*, qui vaut la 1000ᵉ partie du franc, et qui ne désigne pas une monnaie réelle, mais un résultat de calcul.

Usage des monnaies.

116. L'usage des monnaies est de servir de terme de comparaison, quant au prix qu'on y attache, à toutes les quantités qui peuvent entrer dans le commerce, ou devenir l'objet d'un échange. En un mot, on peut dire que c'est la chose avec laquelle on peut se procurer tout ce qui est nécessaire à la vie.

Monnaies françaises.

117. Les monnaies usitées en France sont en or, en argent et en cuivre ou bronze.

118. Toutes les pièces de monnaie ne sont pas assujetties à l'ordre décimal, parce qu'il a fallu avant tout satisfaire aux exigences du commerce et à la facilité des transactions.

119. Les pièces d'or sont :

1° La pièce de 100 fr. qui pèse 32 grammes, 258 milligrammes, et a 35 millimètres de diamètre ;

2° La pièce de 50 fr. qui pèse 16 grammes, 129 milligrammes, et a 28 millimètres de diamètre ;

3° La pièce de 20 fr. qui pèse 6 grammes, 45 161 cent-milligrammes, et a 21 millimètres de diamètre ;

4° La pièce de 10 fr. qui pèse 3 grammes, 2 232 dix-milligrammes, et a 19 millimètres de diamètre ;

5° La pièce de 5 fr. qui pèse 1 gramme, 6 129 dix-milligrammes, et a 17 millimètres de diamètre.

120. Les pièces d'argent sont :

1° La pièce de 5 fr. qui pèse 25 grammes, et a 37 millimètres de diamètre ;

2° La pièce de 2 fr. qui pèse 10 grammes, et a 27 millimètres de diamètre ;

3° La pièce de 1 fr. qui pèse 5 grammes, et a 23 millimètres de diamètre ;

4° La pièce de 50 cent. qui pèse 2 grammes, 500 milligrammes, et a 18 millimètres de diamètre;

5° La pièce de 20 cent. qui pèse 1 gramme, et a 15 millimètres de diamètre.

121. Les monnaies de cuivre sont :

1° Le décime qui est le 10ᵉ du franc; il pèse 10 grammes, et a 30 millimètres de diamètre;

2° La pièce de cinq centimes, ou 20ᵉ du franc, qui pèse 5 grammes, et a 25 millimètres de diamètre;

3° La pièce de deux centimes qui pèse 2 grammes, et a 20 millimètres de diamètre;

4° La pièce d'un centime, ou 100ᵉ du franc, qui pèse 1 gramme, et a 15 millimètres de diamètre.

122. Le cuivre monnayé, à poids égal, a une valeur vingt fois moindre que la monnaie d'argent; de sorte qu'une pièce de 10 cent. en cuivre ou bronze, pesant 10 grammes, n'a que le 20ᵉ de la valeur d'une pièce d'argent du même poids. Ainsi la pièce de 10 cent. en cuivre pèse 10 grammes, et celle de 2 fr. en argent pèse le même poids et vaut 20 fois plus. Donc un kilogramme de monnaie d'argent a autant de valeur que 20 kilogrammes de monnaie de cuivre.

Rapports des monnaies avec les mesures.

123. Toutes les parties du système métrique sont tellement liées ensemble, que l'on peut retrouver la longueur du mètre en combinant les diamètres de certaines pièces d'or.

Ainsi, en plaçant 34 pièces de 20 fr. et 11 de 40 fr. à la suite l'une de l'autre, on a exactement la longueur d'un mètre.

34 pièces de 20 fr. à 21 millimètres
de diamètre donnent . . . . 0,^{m}714
11 pièces de 40 fr. à 26 millimètres
de diamètre donnent 0, 286
Total. . 1 m.

Une autre combinaison fournit le même résultat ; il suffit de placer 32 pièces de 40 fr. et 8 de 20 fr. à la suite l'une de l'autre pour retrouver la longueur du mètre.

32 pièces de 40 fr. à 26 millimètres
de diamètre donnent. . . . . . . 0,^{m}832
8 pièces de 20 fr. à 21 millimètres
de diamètre donnent 0, 168
Total. . 1 m.

Placez à la suite l'une de l'autre, sur une même ligne, 27 pièces de 5 fr., dont le diamètre est de 37 millimètres, vous aurez 1 mètre, à 1 millimètre près ; peut-être qu'en raison des lettres qui sont en saillie sur la tranche de la pièce la ligne dépassera 1 mètre.

Deux pièces de 2 fr., ayant 1 diamètre de 27 millimètres, et 2 pièces de 1 fr. ayant 1 diamètre de 23 millimètres, font 1 décimètre.

Huit pièces de 2 fr. et 8 de 1 fr. rangées ainsi font à peu près 4 décimètres.

124. Les mesures métriques sont tellement liées entre elles, que la connaissance de l'une

conduit nécessairement à celle des autres. Ainsi, une fois qu'on a la longueur du mètre, on peut former le mètre carré, l'are, le stère, la dimension des mesures de capacité, etc., et réciproquement ; c'est-à-dire que, lorsqu'on a un are, un mètre carré, un stère, ou une mesure de capacité, etc., on peut toujours, avec cette mesure, reproduire le mètre.

Exercices et problèmes sur les monnaies.

1° Posez 2 200 fr. 20 c.; plus 4 004 fr. 4 déc.; plus 8 207 fr. 34 millimes ou millièmes ; plus 32 millimes, et faites le total.

Voici la solution :

Moyen indiqué pour les commençants :

```
             fr. d. c. m.
         2 2 0 0, 2 0
         4 0 0 4, 4 0
         8 2 0 7, 0 3 4
         0 0 0 0, 0 3 2
Total :  1 4 4 1 1, 6 6 6
```

Moyen indiqué pour les plus avancés :

```
             fr.
         2 2 0 0, 2 0
         4 0 0 4, 4
         8 2 0 7, 0 3 4
             0, 0 3 2
Total :  1 4 4 1 1, 6 6 6
```

2° J'ai quatre bourses; dans la première, il y a 10 224 fr. 30 c.; dans la seconde, 7 007 fr. 5 c.; dans la troisième, 8 909 fr. 40 c.; dans la quatrième, j'ignore la somme, mais je sais qu'elle pèse quinze kilogrammes, cinq hectogrammes, vingt-cinq grammes ; combien ai-je d'argent dans mes quatre bourses ?

Réponse : 29 245 fr. 75 cent.

3° Combien recevra un commissionnaire qui porte les articles suivants, savoir : vingt kilogrammes de café, pour 1 fr. 50 cent.; huit kilogrammes de sucre, pour 1 fr.; quarante kilogrammes de savon, pour 3 fr. 50 c.; un sac d'argent renfermant cinq mille fr., pour 5 fr.? On demande combien il porte de kilogrammes, et combien il recevra pour la commission.

Réponse : 93 kilogr. pour 11 fr.

4° On a dépensé quatre-vingts centimes pour acheter des fruits, soixante-quinze pour du pain, soixante pour du café, soixante pour du lait, et cinquante pour des légumes; combien a-t-on dépensé en tout?

Réponse : 3 fr. 25 cent.

5° Un banquier me doit seize mille francs ; n'ayant pas le temps de me les compter, il met sur une balance un sac de monnaie d'argent qui pèse soixante-dix-neuf kilogrammes, cinq hectogrammes ; combien m'a-t-il donné de francs, et combien me redoit-il encore ?

Réponse : 15 900 fr., et il redoit 100 fr.

6° Je donne un lingot d'argent pur pesant quatre kilogrammes; on me donne huit cents francs en monnaie au titre de neuf dixièmes; combien me doit-on encore si l'on me retient 2 fr. par kilogramme pour la fabrication?

7° Combien fera-t-on payer pour fabriquer en monnaie quarante kilogrammes, vingt grammes d'argent, si l'on retient 2 fr. pour chaque kilogramme?

3.

8° Quel sera le poids total d'une pièce de quarante francs en or, et celui d'une pièce de vingt fr., quand on sait qu'à poids égal l'or vaut quinze fois et demie plus que l'argent?

9° Combien fera-t-on de pièces de cinq francs avec un lingot d'argent pur qui pèsera cinq kilogrammes, deux cent cinquante grammes?

10° Je demande combien j'ai de pièces de vingt cinq centimes dans un sac qui pèse sept kilogrammes sept cent cinquante grammes?

Questionnaire.

111. De quoi dépend la valeur des objets? Qu'est-ce qu'estimer un objet? Quelle est l'unité monétaire? A quoi sert l'alliage? Qu'appelle-t-on titre des métaux? — 112. Qu'est-ce qu'on appelle tolérance? — 113. Qu'est-ce que le franc? — 114. Quels sont les multiples du franc? — 115. Quels sont les sous-multiples du franc? — 116. Quel est l'usage des monnaies? — 117. En quels métaux sont les monnaies françaises? — 118. Les monnaies françaises sont-elles toutes assujetties à l'ordre décimal? — 119. Quelles sont les pièces de monnaies de France en or, et quels en sont les poids et les diamètres? — 120. Quelles sont les monnaies d'argent, et quels en sont les poids et les diamètres? — 121. Quelles sont les monnaies de cuivre ou de billon? — 122. Quelle est la valeur de la monnaie de cuivre à poids égal comparée à la monnaie d'argent? — 123. Comment feriez-vous pour retrouver le mètre avec des pièces de 20 fr. et de 40 fr.? N'y a-t-il pas une autre combinaison? Comment feriez-vous pour retrouver le mètre avec des pièces de 5 fr.? Et pour avoir 1 décimètre, 4 décimètres? — 124. Parlez des rapports qui existent entre les diverses mesures métriques.

MESURE DU TEMPS[1].

Du calendrier.

125. Le *calendrier* est une méthode de distribution du temps que les hommes ont imaginée pour leurs usages.

126. *Mesurer le temps*, c'est déterminer combien de fois un certain intervalle de temps contient un autre intervalle de même espèce pris pour unité. Cette unité peut être ou naturelle ou artificielle.

Les mesures de temps naturelles sont : l'*année*, le *mois*, le *jour*; les mesures artificielles sont, le *siècle*, la *semaine* et l'*heure*.

127. L'*année* est le temps ou la durée que la terre met à parcourir son orbite autour du soleil.

128. Le *mois* est à peu de chose près le temps que la lune met pour faire sa révolution autour de la terre, ou bien encore la douzième partie de l'année.

129. Le *jour* est le temps que la terre met pour tourner sur elle-même autour de son axe,

---

1. Quoique la mesure du temps ne soit pas assujettie au système décimal, on pense cependant qu'il convient de donner à la fin de ce volume la manière dont se mesurent les intervalles de temps.

ou bien encore c'est le temps qu'il faut à la terre pour que tous les points de sa surface passent devant le soleil.

130. Un *siècle* est une période de cent années.

131. Une *semaine* est une période de 7 jours que Dieu même a instituée en mémoire de la création, et de laquelle il se réserva le septième jour pour être à jamais consacré à son culte.

132. L'*heure* est la vingt-quatrième partie du jour naturel.

133. La terre est d'une forme sphéroïde; elle a deux mouvements, l'un diurne et l'autre annuel. Le mouvement diurne est le mouvement de rotation qu'elle fait en vingt-quatre heures autour de son diamètre ou axe, dont les extrémités sont les pôles terrestres. Le mouvement annuel est le mouvement que fait la terre dans une année autour du soleil. Le premier détermine les jours, et le second les années.

134. Pendant que le centre de la terre fait une révolution autour du soleil dans une année, la lune suit la terre dans ce mouvement, et fait à peu près douze révolutions autour de la terre; c'est ce qui a donné lieu de diviser l'année en douze mois.

De l'année astronomique ou civile.

135. L'année est astronomique ou civile.

136. L'année astronomique ou solaire est le temps que la terre met à parcourir son orbite autour du soleil. Ce temps est de 365 jours 5 heures 48 minutes 51 secondes 6 dixièmes.

137. L'année civile résulte des conventions faites pour appliquer l'année astronomique aux usages de la vie sociale. Comme il ne serait pas facile de calculer les 5 h. 48 m. 51 sec. 6 dix., on fait l'année commune de 365 jours, et tous les quatre ans on ajoute un jour, ce qui fait pour la quatrième année, que l'on appelle *bissextile*, 366 jours. Dans cette disposition, on suppose l'année solaire de 365 jours 1/4, ce qui est un résultat trop grand, puisque nous avons vu qu'elle est de 365 jours 5 h. 48 m. 51 sec. 6 dix., ou de 365 jours 242 364. Pour compenser l'erreur légère qui en résulte, chaque centième année n'est point bissextile.

C'est ce qu'on appelle le calendrier grégorien [1], établi d'abord en France et adopté depuis dans presque toute l'Europe.

138. L'année civile, composée ordinairement de 365 jours, et de 366 jours tous les 4 ans se divise en douze mois, qui sont : janvier, 31 jours;

1. Ce calendrier se nomme *calendrier grégorien*, parce qu'en 1582 le calendrier fut réformé par le pape Grégoire XIII.

février, 28 jours ordinairement, et 29 les années bissextiles; mars, 31 jours; avril, 30 jours; mai, 31 jours; juin, 30 jours; juillet, 31 jours; août, 31 jours; septembre, 30 jours; octobre, 31 jours; novembre, 30 jours; décembre, 31 jours.

159. On divise l'année en 52 semaines, et la semaine en 7 jours, qui sont : dimanche, lundi, mardi, mercredi, jeudi, vendredi et samedi.

140. Le jour se divise en 24 heures, l'heure en 60 minutes, la minute en 60 secondes, et la seconde en dixièmes.

141. On partage l'année en 4 saisons : l'hiver qui commence le 21 décembre; le printemps qui commence le 21 mars; l'été le 21 juin et l'automne le 22 septembre.

Questionnaire.

125. Qu'est-ce que le calendrier? — 126. Qu'est-ce que mesurer le temps? — 127. Qu'est-ce que l'année? — 128. Qu'est-ce que le mois? — 129. Qu'est-ce que le jour? — 130. Qu'est-ce qu'un siècle? — 131. Qu'est-ce qu'une semaine? — 132. Qu'est-ce qu'une heure? — 133. Quelle est la forme de la terre et combien a-t-elle de mouvements? — 134. Combien la lune fait-elle de révolutions autour de la terre pendant un an? — 135. De quelle sorte est l'année? — 136. Qu'est-ce que l'année astronomique? — 137. Quel est le calendrier que l'on suit en France? Qu'entendez-vous par année commune et par année bissextile? — 138. Comment se divise l'année? Dites les noms des douze mois de l'année, et combien ils ont de jours chacun. — 139. N'y a-t-il pas encore une autre division de l'année? — 140. Comment se divise le jour? — 141. Quelles sont les quatre saisons de l'année?

PROBLÈMES D'APPLICATION

A FAIRE RÉSOUDRE AUX ÉLÈVES.

1° Combien coûtent vingt-cinq mètres vingt-cinq millimètres de ruban, à 0 fr. 75 c. le mètre ?

2° Quel est le prix de cent quarante-deux mètres trois cent neuf millimètres de fil d'or à 15 fr. 80 cent. le mètre ?

3° Combien faut-il payer pour trois myriamètres, quatre kilomètres, vingt mètres de route, si l'on paye à l'entrepreneur 20 fr. 05 c. par décamètre, et 5 fr. 75 cent. par mètre aux propriétaires dont on prendra les propriétés ?

4° Un voyageur a quatre cent vingt kilomètres à faire en quinze jours : combien en fera-t-il par jour et quelle somme aura-t-il à dépenser, s'il reçoit 8 centimes par kilomètre ?

5° On achète douze mètres cinq centimètres d'étoffe, à 5 fr. 30 cent. le mètre ; plus vingt mètres trente centimètres à 7 fr. le mètre ; enfin neuf mètres quinze centimètres, à 0 fr. 32 c. le décimètre. Que faut-il payer pour cet achat ; et que gagnera-t-on sur ce marché, si l'on augmente le prix de vente de 15 cent. par mètre sur le prix d'achat ?

6° Combien coûteront quinze centimètres de ruban à 0 fr. 45 cent. le mètre ?

7° On sait qu'il y a dix millions de mètres de l'équateur au pôle ; si l'on divise cette distance par

90 degrés de latitude, combien trouvera-t-on de mètres par degré?

8° Combien y a-t-il de mètres par minute, 60 minutes formant un degré terrestre?

9° A combien revient le mètre et le centimètre de fil d'or, quand on paye 240 fr. pour dix-huit mètres quatre-vingts centimètres?

10° A combien revient le mètre de dentelle quand 85 fr. sont le prix de quinze mètres cent quatre-vingt-cinq millimètres, et quel prix faut-il la vendre pour gagner 15 fr. 15 cent. sur cet achat?

11° La surface d'un rectangle appelé *carré long* s'obtient en multipliant la longueur par la largeur. Quelle somme faudra-t-il payer pour une pièce de terre de quatre cent cinquante mètres soixante centimètres sur deux cent cinquante mètres cinquante centimètres de largeur à 20 fr. 25 cent. l'are [1]?

12° Un trapèze est un quadrilatère qui a deux côtés appelés bases, parallèles et inégaux. Une pareille surface se calcule en multipliant la moitié des deux côtés parallèles par la perpendiculaire à ces deux côtés, qui est appelée hauteur. Trouver à combien revient l'are de pré, lorsqu'on paye 9458 fr. 50 cent. un pré en forme de trapèze dont la longueur de la grande base a trois cent cinquante mètres, celle de la petite, cent quatre-vingts mètres cinquante centimètres, et la hauteur cent vingt-cinq mètres soixante centimètres.

13° Combien y a-t-il d'ares, d'hectares et de centiares dans une pièce de terre formant un trapèze de

---

1. Pour convertir des mètres carrés en ares, il faut séparer deux chiffres en allant de gauche à droite; et pour avoir des hectares, il en faut séparer quatre. Ainsi, 112875 mètres carrés font 11 hectares 28 ares 75 centiares.

5.

cent trente mètres de hauteur, les côtés étant, l'un de deux cent cinquante-six mètres vingt centimètres, et l'autre de cent quatre-vingt-dix mètres huit décimètres? Que coûtera cette pièce de terre si on l'achète à 42 fr. l'are?

14° Un triangle est une figure rectiligne à trois côtés; sa surface se calcule en prenant la moitié du produit de sa base par sa hauteur, celle-ci étant la distance perpendiculaire du sommet à la base que l'on prolonge au besoin. D'après cela, on demande quelle sera la surface d'un jardin triangulaire qui a huit cents mètres quarante-deux centimètres de base sur une hauteur de six cents mètres six décimètres; on demande de plus à quel prix il doit être affermé pour rapporter l'intérêt de l'argent à 5 pour 100, s'il a coûté 1540 fr. l'hectare.

15° La circonférence d'un cercle s'obtient en multipliant la longueur de la ligne appelée *diamètre*, passant par le centre et se terminant à la circonférence, par 22 et divisant le produit par 7; ou bien on multiplie le diamètre par 3,1416, rapport de la circonférence au diamètre. Quelle est donc la circonférence d'un étang dont le diamètre est trente mètres cinq décimètres?

16° Quelle est la surface d'un parallélogramme ou figure à quatre côtés parallèles deux à deux, qui a cinq cent trente-cinq mètres de longueur sur cent dix mètres cinq décimètres de largeur, lorsqu'on sait qu'elle s'obtient comme celle du rectangle? On suppose un bois de cette contenance vendu à 840 fr. l'hectare; que faut-il payer?

17° J'achète, à une vente publique, un pré de forme triangulaire, dont la base est de 542 mètres, et la hauteur de 328 mètres, à raison de 45 fr. 15 cent. l'are. Quelle somme dois-je donner, si je dois payer d'année en année en trois payements égaux, avec les intérêts à 5 p. 100 qui, bien entendu, diminueront à mesure que les payements s'effectueront?

18º Un cercle est une superficie renfermée dans une circonférence; on en obtient la surface en multipliant la circonférence par le quart du diamètre ou la moitié du rayon, ou bien on multiplie le carré du rayon par 3,1416 : 1° quelle est d'après cela la superficie d'une propriété de forme circulaire qui a 40 mètres de rayon? 2° quelle est celle d'un étang placé au milieu, formant un cercle de 30 mètres de diamètre? 3° quelle est enfin celle du terrain à cultiver, et quelle somme faudra-t-il payer pour l'achat, si cette propriété est vendue à raison de 250 fr. l'are?

19º On sème en colza ou en blé un champ de soixante ares quarante centiares, dont la longueur est de quatre-vingt-cinq mètres, et la superficie un hectare. Dire quelle est la largeur du champ ensemencé, sachant qu'il est de forme rectangulaire et qu'il a pour base la longueur de la pièce de terre.

20º Un bassin a cent trente-six mètres de diamètre : quelle est sa superficie et à quelle somme reviennent l'are et l'hectare si on l'a acheté 4250 fr.?

21º Un cube est une figure dont les six faces sont des carrés égaux. On en obtient la superficie en multipliant la longueur de l'une de ses arêtes par elle-même et prenant le produit six fois. Que faudra-t-il payer pour peindre les six faces d'une pierre dont les arêtes ont quatre-vingts centimètres, si l'on paye le mètre carré 8 fr. 05 c.?

22º Une salle de dix mètres trente-quatre centimètres de long sur sept mètres trente-quatre centimètres de large, ayant quatre mètres de hauteur, et dont le développement offrirait celui d'un cube allongé, doit être mise en couleur et planchéiée. Que faut-il payer au peintre à raison de 4 fr. 25 cent. le mètre pour les côtés, et de 4 fr. 50 cent. pour le plafond, et au menuisier pour le plancher à 4 fr. 50 cent. le mètre carré? Bien entendu qu'il faut déduire deux portes dont la hauteur est de trois mètres soixante-six centimètres, et la largeur un mètre trente-trois centimètres; plus quatre croisées, hauteur deux mètres soixante-six centimètres, et largeur un mètre quarante-trois centimètres, et enfin une porte de trois mètres vingt-cinq cent. de hauteur sur la même largeur que les portes précédentes.

23° Le prisme est un solide dont les deux bases opposées sont parallèles, et les côtés, des rectangles ou des parallélogrammes : s'il est triangulaire, son développement offre trois parallélogrammes, sans y comprendre les bases. D'après cela combien faut-il payer pour faire construire une citerne triangulaire dont la profondeur est de huit mètres trente centimètres, et la largeur de chaque côté quatre mètres, si le mètre carré coûte 14 fr. 25 cent.?

24° Une pyramide est un solide dont la base est un polygone rectiligne et le sommet un point ; son développement offre autant de triangles qu'elle a de côtés, et l'on en calcule la surface comme celle d'autant de triangles. Que faut-il payer pour faire peindre un mausolée pyramidal quadrangulaire dont chaque côté a, à la base, cinquante centimètres, la hauteur un mètre soixante centimètres, et le socle sur lequel il repose quarante-deux centimètres sur toutes ses arêtes, à 4 fr. 60 cent. le mètre carré?

25° Combien faut-il de carreaux de 0 mètre quinze centimètres de largeur et vingt-cinq centimètres de longueur pour carreler une salle de douze mètres de long sur dix mètres soixante-quinze centimètres; et quelle somme faudra-t-il payer si le mètre carré coûte 3 fr. 75 cent.?

26° Le losange est une surface renfermée par quatre lignes égales, formant quatre angles, dont deux opposés sont égaux et aigus, et les deux autres égaux entre eux et obtus; on en calcule la surface en multipliant la longueur de la perpendiculaire qui joint deux côtés parallèles par la longueur d'un côté pris pour base. Que payera-t-on pour un parquet en forme de losange, dont la longueur de chaque côté est de quatre mètres cinq décimètres, et la hauteur de la perpendiculaire, trois mètres soixante-quinze centimètres, si le mètre carré coûte 10 fr. 50 cent.?

27° Le cylindre droit, qu'on nomme vulgairement *rouleau*, est un solide terminé par deux cercles égaux et parallèles. On considère le développement de sa surface comme un rectangle qui a pour base la circonférence, et la hauteur du cylindre pour hauteur même. Cela posé, à combien revient le mètre carré d'un puits cimenté (non compris les bases) qui a quinze mètres vingt-cinq centimètres de profondeur sur un diamètre de un mètre quarante-huit centimètres, si l'on a payé 280 fr.?

28° On a des planches de quatre mètres vingt-cinq centimètres de longueur sur 0 mètre vingt-huit centimètres de largeur; combien en faudra-t-il pour planchéier une salle de dix mètres 34 centimètres de longueur sur sept mètres 34 centimètres de largeur, quand on perd 1/6 pour les mettre en œuvre; et que faudra-t-il payer au menuisier si l'on paye 4 fr. 10 cent. le mètre carré posé?

29° Une colonne imitant un cylindre doit être boisée et peinte; elle a dix-sept mètres vingt centimètres de hauteur sur une circonférence de sept mètres dix centimètres. A combien reviendra-t-elle, si l'on paye quatre mètres carrés de peinture à 7 fr. 50 cent. le mètre de boiserie?

30° Que faut-il payer pour un parquet de la forme d'un polygone à six côtés, chaque côté ayant deux mètres cinq décimètres, et la hauteur de la perpendiculaire abaissée du centre sur un côté deux mètres trois cent dix millimètres, lorsqu'on sait que la superficie s'obtient en multipliant le contour ou périmètre par la moitié de la perpendiculaire, et que le mètre carré coûte 12 fr. 60 cent.?

31° On appelle cône un solide qui a un cercle pour base et un point pour sommet. Sa superficie se calcule (sans y comprendre la base que l'on évalue comme un cercle) en multipliant la circonférence par la moitié de la hauteur d'inclinaison. Quelle est la superficie d'un cône de cinq mètres de hauteur sur quatre mètres cinquante centimètres de circonférence?

32° La solidité d'un cube se trouve en multipliant la surface de sa base par la hauteur. D'après cela, quel est en mètres cubes le volume d'un bloc de marbre qui a un mètre cinq décimètres de côté, et que coûtera-t-il à 180 fr. 25 cent. le mètre cube?

33° Quel est en mètres, décimètres, centimètres cubes, le volume d'un parallélipipède rectangle dont la longueur est de sept mètres trente centimètres, la largeur, 0 mètre trente-sept centimètres, l'épaisseur, trente centimètres, quand on sait qu'il faut faire le produit des trois dimensions; combien coûtera-t-il si on le paye 0 fr. 05 cent. le décimètre cube, et combien pèse-t-il, s'il est en hêtre très-sec, sachant qu'un décimètre pèse quatre-vingt-cinq décagrammes?

34° Le volume d'un prisme se calcule en multipliant la surface de sa base par la hauteur. D'après cette solution, on suppose une citerne de forme

triangulaire ayant quinze mètres trente centimètres
de hauteur; la perpendiculaire du triangle qui lui
sert de base a quatre mètres trente-cinq centimètres,
et la base du triangle, six mètres vingt-cinq centimètres. Combien devra-t-elle contenir de litres d'eau,
le décimètre cube déterminant la capacité du litre?

35° La solidité du cylindre est le produit du
cercle qui lui sert de base multiplié par la hauteur
du cylindre. Cela posé, que coûtera une pièce de
bois ayant dix mètres huit décimètres de longueur,
sur un mètre trente centimètres de circonférence, à
80 fr. 50 cent. le mètre cube?

36° Le volume d'une pyramide est le produit de
sa base par le tiers de sa hauteur. Quelle est la solidité d'une flèche pyramidale qui a pour base un
octogone dont chaque côté a trois mètres, la hauteur de la perpendiculaire du centre au côté ayant
trois mètres soixante-dix centimètres, et l'élévation
de la flèche étant de trente-trois mètres, trente centimètres?

37° Le volume d'un cône est le produit du cercle
qui lui sert de base multiplié par le tiers de sa hauteur. Cela posé, trouver à combien revient le mètre
cube lorsqu'on paye 2450 fr. pour élever un monu-
ment conique dont le rayon de la base a trois mètres trente-cinq centimètres, sur une hauteur de
douze mètres huit décimètres.

38° Le volume d'une sphère est le produit de sa
surface (laquelle s'obtient en multipliant la circonférence par le diamètre) par le tiers du rayon. Combien de décimètres, de centimètres, de millimètres
dans une boule de quatre-vingt-quinze millimètres
de rayon?

39° La terre a quarante millions de mètres de
circonférence dans la direction du méridien, et quarante millions cent soixante-treize mille cinq cent

cinquante-deux mètres dans la direction de l'équateur ; ce qui donne pour circonférence moyenne une longueur de quarante millions quatre-vingt-six mille sept cent vingt et un mètres. Quelle est sa superficie en myriamètres carrés et sa solidité en mètres et myriamètres cubes ?

40° Un puits a six mètres neuf décimètres de profondeur, un mètre deux décimètres de diamètre ; on veut donner quatre décimètres d'épaisseur au mur ; on demande pour le construire combien il faut payer à 60 fr. le mètre cube, et combien il contiendra d'hectolitres, de litres, etc., sachant que le décimètre cube détermine le litre.

41° Combien coûte le stère de bois quand on paye 2400 fr. pour une pile qui contient deux cent quatre-vingt-neuf stères sept décistères, et combien faut-il revendre le double stère pour gagner 400 fr., tout en payant 2 fr. 25 cent. le stère pour le transport ?

42° Si l'on achète le stère à 8 fr. 05 cent., à combien revient une pile de bois de forme parallélipipède qui a vingt-deux mètres quarante centimètres de longueur, dix-huit mètres vingt-cinq centimètres de largeur, six mètres trente centimètres de hauteur ?

43° D'après les règlements universitaires, toute nouvelle salle communale doit avoir quatre mètres de hauteur, et autant de mètres carrés dans sa superficie qu'elle doit contenir d'élèves. Combien manque-t-il de mètres cubes d'air dans une salle d'école de quarante élèves, qui n'a que sept mètres de longueur, sur six mètres trente de largeur, et trois mètres trente de hauteur? dire également si c'est en superficie ou en hauteur qu'elle n'a pas les dimensions voulues, et combien elle contiendrait d'élèves si elle avait quatre mètres d'élévation.

44° Combien aura-t-on de stères de bois dans une coupe de cinq cents mètres de long sur trois cent quarante mètres de large, si un are en produit vingt-cinq stères?

45° On a une pile de bûches longues d'un mètre soixante-cinq centimètres. La pile a dix-huit mètres trente centimètres de couche, sur quatre mètres dix centimètres de hauteur. Quelle somme faudra-t-il payer pour faire transporter ces bûches à quinze kilomètres, si l'on demande 2 fr. 80 cent. par stère?

46° On demande le volume et le poids d'un chêne équarri ayant soixante-quinze centimètres de largeur sur soixante-douze centimètres d'épaisseur et huit mètres trente-six de longueur. La densité du chêne est de quatre-vingt-quinze décagrammes, c'est-à-dire qu'un décimètre cube de ce bois pèse quatre-vingt-quinze décagrammes ou neuf cent cinquante grammes.

47° Le poids du décimètre cube d'acier non écroui étant de sept kilogrammes huit cent seize grammes, on demande le poids de vingt-cinq barres d'acier de chacune cinq mètres quarante centimètres de longueur, quarante-huit millimètres de largeur et quarante millimètres d'épaisseur.

48° Quel profit me rapportera une coupe de bois de mille cinq cent quatre-vingts stères à 8 fr. 50 c., si elle me coûte 9000 fr. et 1 fr. de façon par stère?

49° La densité du fer non écroui est de sept kilogrammes deux cent sept grammes : quel est le poids de quarante barres de mêmes dimensions que celles dont il est parlé au problème 47?

50° Si je vendais le stère de bûches 8 fr. 60 cent., je gagnerais 180 fr. sur deux cent quatre-vingt-quatre stères : quelle somme me coûte le stère?

51° Lorsqu'on sait que le litre égale la capacité d'un décimètre cube, quelle sera la contenance en litres d'une citerne carrée qui a quatre mètres vingt centimètres de côté, sur une profondeur de trois mètres cinquante centimètres, et combien contient-elle de barriques ou de pièces de deux cents litres ?

52° Un puits a dix-huit mètres de profondeur, sur un mètre deux décimètres de diamètre. Combien peut-il contenir de litres d'eau, et combien peut-on en tirer de barriques si l'eau monte à six mètres trente centimètres ?

53° Une barrique se cube, en la considérant coupée par la bonde, et représentant deux cônes tronqués ; on évalue ces deux cônes en faisant la superficie des deux bases qu'on multiplie ensemble, et du produit desquelles on extrait la racine carrée. On ajoute à la superficie du cercle de la bonde et à celle du bout, celle qu'on a obtenue par l'extraction de la racine ; on prend le tiers de la somme de ces trois superficies, et on le multiplie par la longueur de toute la barrique. Cela posé, quelle est la capacité d'une barrique longue d'un mètre vingt-cinq centimètres, qui a soixante-six centimètres de diamètre à la bonde, et cinquante-six centimètres dans le bout, et combien coûte-t-elle pleine de vin à 35 c. le litre ?

54° Une chaudière à peu près cylindrique a quatre-vingt-treize centimètres de profondeur, et un mètre quinze centimètres de largeur ou diamètre : on demande sa capacité en litres.

55° Combien peut contenir de litres d'eau un seau qui a six cent cinquante-deux millimètres de profondeur ? Le diamètre inférieur est de trois cent cinquante millimètres, et le supérieur de deux cent quatre-vingt-douze millimètres.

56° On a acheté trois pièces de vin ; les deux premières contiennent chacune deux cent quarante-cinq litres vingt-cinq centilitres, la troisième deux hectolitres sept litres neuf centilitres, le tout à quinze centimes le litre : combien doit-on payer ?

57º Un épicier a acheté quarante-cinq kilolitres d'huile à 1 fr. 75 cent.; cent quarante-cinq hectolitres de vin à 30 cent. le litre : combien gagnera-t-il sur le tout s'il vend l'huile 2 fr., et le vin 45 cent. le litre?

58º A combien revient le litre de vin quand on paye 60 fr. pour une barrique de deux cent cinquante litres, plus 6 fr. d'entrée, 2 fr. 50 cent. de droit de mouvement, et 2 fr. de transport?

59º Un bassin reçoit par minute douze litres vingt-cinq centilitres d'une fontaine, trente-quatre litres d'une deuxième, et vingt et un litres quarante centilitres d'une troisième. D'autre part, une première ouverture lui fait perdre, dans le même temps, quinze litres soixante centilitres, et une deuxième ouverture, deux cent quarante-cinq centilitres. Au bout de dix minutes, le bassin se trouve rempli d'eau. Quelle est la capacité du bassin?

60º On achète deux hectolitres de vin à 45 cent. le litre, et cinq cent quarante-deux litres à 85 cent. : combien doit se vendre le litre si on mélange ces vins ensemble?

61º On conduit au marché cinquante-six sacs de grains qui contiennent chacun douze décalitres cinq litres : combien devra-t-on recevoir pour ce grain, en le vendant 18 fr. 50 cent. l'hectolitre?

62º Quelle est la dépense annuelle occasionnée par l'entretien de six chevaux, si chaque cheval consomme par mois trois hectolitres d'avoine à 5 fr. 35 cent., une botte de foin par jour et trente bottes de paille par mois? Le foin vaut 30 fr. 25 c. les 100 bottes, et la paille 19 fr. 50 cent.; le ferrage est évalué à 25 fr. par cheval.

63º Une caisse remplie de lentilles a quatre-vingt-cinq centimètres de long, soixante-quinze centimètres de large et quarante-cinq centimètres de haut : quelle est sa contenance en litres, et quel est son poids, si le litre de lentilles pèse quatre-vingt-cinq décagrammes?

64° A combien reviennent les cent vingt-cinq décalitres de haricots, quand on achète le litre 35 c., et qu'on paye 15 cent. par décalitre pour le transport?

65° Un grenier, qui a sept mètres de long sur cinq mètres cinquante centimètres de large, est couvert d'une couche de haricots de trente-cinq centimètres d'épaisseur. Combien ce grenier renferme-t-il d'hectolitres de ce légume et quel poids le grenier a-t-il à supporter, si le litre de haricots pèse soixante-cinq décagrammes?

66° On achète quatre-vingts hectolitres huit litres de blé, à 18 fr. 50 cent. l'hectolitre; soixante-huit doubles décalitres d'orge, à 12 fr. l'hectolitre, et cent vingt hectolitres d'avoine à 8 fr. : combien faut-il revendre le double décalitre pour gagner 150 fr. sur le blé, 100 fr. sur l'orge et 120 fr. sur l'avoine?

67° Un hectare de terrain cultivé en blé a produit un poids de mille cinq cent quatre-vingts kilogrammes. Sachant que le poids du blé est de soixante-quinze décagrammes le litre, on demande : 1° combien il a produit d'hectolitres; 2° en déduisant un huitième pour l'ensemencement, combien il reste pour la consommation; 3° combien pourra livrer d'hectolitres le cultivateur qui a ensemencé cinq hectares; 4° quel revenu rapportera un hectare et un are, si le blé se vend 30 fr. l'hectolitre.

68° Quel est le prix de l'hectolitre de froment, du demi-hectolitre, du décalitre, du demi-décalitre, du double litre, du litre, du demi-litre, du double décilitre, du décilitre, quand on paye 4 fr. 10 cent. le double décalitre?

69° Un litre de pois pèse soixante-dix-neuf décagrammes : que rapportera de litres un hectare, si l'on récolte en moyenne mille cent six kilogrammes, et quelle valeur cette récolte présente-t-elle en la vendant 32 fr. 60 cent. l'hectolitre?

70° On sait que la surface de la base d'un cylindre est égale au carré du rayon du cercle qui forme cette base, multiplié par le rapport $\frac{355}{113}$, et que la solidité égale le produit de cette base multiplié par la hauteur ; la capacité de l'hectolitre, pour les matières sèches, étant de cent décimètres cubes, et le diamètre égal à la hauteur. On sait qu'il faut pour l'hectolitre diviser les deux rayons par trois cent cinquante-cinq, ce qui donnera un quotient $\frac{113}{710}$; après quoi on met cette fraction en fraction décimale ; on en extrait la racine cubique, qui donne la longueur du rayon. Quand on a le rayon, on le double pour avoir le diamètre et la hauteur. Cela posé, trouver les dimensions que doivent avoir l'hectolitre pour les matières sèches, et le litre pour les liquides. Même procédé pour le litre, excepté qu'on divise le rapport $\frac{355}{113}$ par quatre rayons, représentant la hauteur, et on a $\frac{113}{1420}$.

71° Une citerne a deux mètres quatre-vingts centimètres de profondeur, et quatre mètres sur les quatre côtés. Combien faut-il qu'un cheval fasse de charrois pour la vider, si elle est pleine d'eau, lorsqu'un décimètre cube d'eau pèse un kilogramme, et que le cheval traîne mille kilogrammes à chaque tour?

72° Une voiture est chargée de cinq tonneaux d'eau-de-vie, contenant chacun deux cent cinquante litres (le litre pèse 0 kilogramme quatre vingt-dix-neuf décagrammes) ; de deux barriques d'eau, chacune de deux cent vingt litres trois décilitres ; de deux barriques de vin (le litre pèse 0 kilogramme neuf mille neuf cent trente-neuf décigrammes) ; de deux quintaux de sucre ; plus vingt-cinq mille francs

en pièces de 5 fr. : quelle somme recevra le voitu-
rier, si on le paye à raison de 15 c. le kilogramme ?

73° Lorsque le sucre se vend 2 fr. 05 cent. le kilogramme, le café 2 fr. 50 cent., et le chocolat
3 fr. 08 cent., combien aura-t-on de kilogrammes
de ces marchandises pour 457 fr. 80 cent., si l'on
en veut autant de l'une que de l'autre, et combien
de chaque sorte ?

74° Un marchand épicier a acheté trois mesures
de marchandises. La première pèse cent trente kilogrammes huit grammes, et coûte 1 fr. 05 cent. le
kilogramme ; la deuxième pèse dix-sept mille deux
cents grammes, à 95 cent. le kilogramme ; la troisième pèse cent quatre-vingt-quatre hectogrammes,
à 1 fr. 60 cent. le kilogramme. Combien gagnera-t-
on sur le tout, si, après avoir fait un mélange, on
le vend 1 fr. 50 cent. le kilogramme ?

75° Dites quel est le poids de l'eau contenue dans
un mètre cube, dans un décimètre cube, dans un
centimètre cube.

76° Combien pèsent, remplis d'eau, l'hectolitre,
le décalitre, le litre, le décilitre, le centilitre, aussi
bien que le double et la moitié de ces mesures ?

77° On pèse une pierre à bâtir et on trouve cinquante-six kilogrammes. Sachant que cette pierre a
quatre décimètres de long, trois de large et vingt-six
centimètres d'épaisseur, on demande le poids d'un
décimètre ?

78° Un bassin, de forme circulaire, ayant six
mètres de hauteur et trente-cinq mètres de circonférence, est plein d'eau : combien en contient-il de
mètres cubes, de litres, de kilogrammes et de
grammes ?

79° Mon boucher m'a fourni cent trente kilogrammes deux hectogrammes de viande à 0 fr. 90 cent. :
combien lui dois-je ? et à mon boulanger, s'il m'a

fourni cent quarante kilogrammes, cinquante grammes de pain à 35 cent. le kilogramme?

80° Si quatre kilogrammes de farine en font six de
pain, quel sera le bénéfice d'un boulanger qui a acheté
quatre-vingts sacs de farine pesant chacun 310 kilogrammes, à raison de 35 fr. 50 cent. le sac, sachant
qu'il vend le pain de deux kilogram. 0 fr. 58 cent.?

81° Si, d'après la loi, le franc, unité monétaire
de France, doit peser cinq grammes, quel sera le
poids de la pièce de 20 cent., de 50 cent., de 2 fr. et
de 5 fr.?

82° D'après la loi établie, la monnaie d'or, en
France, a une valeur de quinze fois cinq dixièmes
celle de la monnaie d'argent. Quel est le poids d'une
pièce d'or de 100 fr., de 50 fr., de 20 fr., de 10 fr.
et de 5 fr.?

83° La loi tolère (comme il a été dit *page* 69) l'erreur de deux millièmes du poids, soit en plus, soit en
moins: quel sera le poids de la pièce de 40 fr. et de
la pièce de 20 fr. avec tolérance en dedans et en de-
hors?

84° On sait que la loi tolère l'erreur de trois millièmes du poids, soit en plus, soit en moins, pour
les pièces de 5 fr., cinq millièmes pour les pièces de
2 fr., sept millièmes pour la pièce de 50 cent., dix
millièmes pour celle de 20 cent. Quel peut être le
poids le plus fort et le plus faible de ces quatre
pièces de monnaie?

85° Une pièce de 20 fr. ne pèse que six grammes
quatre cent cinq centigrammes : combien perd-elle?
et une pièce de 50 fr. qui pèse 16 grammes?

86° On demande quelle est la valeur d'un kilogramme d'or et d'un kilogramme d'argent monnayés.

87° Avec un lingot d'argent pur ou fin pesant
cinq hectogrammes quatre décagrammes, combien
fera-t-on de pièces de 5 fr. et quel sera le poids du

cuivre qu'il faudra joindre à ce lingot pour le convertir en monnaie?

88° Sachant que les pièces de monnaie en argent subissent par l'usure une perte d'environ $\frac{1}{6000}$ de leur poids par année, quelle valeur a aujourd'hui une pièce de 5 francs qui circule depuis 60 ans?

89° Combien y a-t-il d'argent pur dans trois kilogrammes quatre cent cinquante milligrammes de matière d'argent au premier titre? au deuxième titre? Même question pour les trois titres de l'or dans le même poids.

90° Un homme est chargé de quarante-huit kilogrammes six cent cinquante grammes de monnaie d'argent, plus seize kilogrammes, treize milligrammes de monnaie d'or : on demande quelle somme il porte.

91° Supposant qu'un homme respire vingt fois par minutes, combien de fois a respiré celui qui meurt à 80 ans?

92° Un artiste sculpteur a terminé un christ en ivoire du poids de cinq cent quarante grammes ; il veut le vendre son pesant en pièces d'or ; mais personne ne voulant mettre ce prix, il trouve un acheteur qui accepte le marché à la condition qu'il mettra dans la pesée une pièce de 5 fr., deux de 2 fr., et trois pièces de 10 centimes. Dire combien le sculpteur exigeait et combien il reçoit, si le marché se conclut.

93° Combien y a-t-il d'heures dans 64 ans 5 mois 20 jours?

94° Combien faut-il de jours à un écrivain pour copier un livre de 720 pages, s'il en fait 3 par heure et qu'il travaille 12 heures par jour?

95° Combien s'est-il écoulé de minutes depuis la naissance de Jésus-Christ jusqu'au 25 novembre 1864?

96° Pour peser un objet, on met dans l'autre plateau de la balance, pour faire équilibre, cinq pièces de 5 fr. en argent, trois de 2 fr., une de 50 cent. deux de 20 cent. Quel est le poids de cet objet et quelle somme d'argent se trouve sur la balance?

97° Un centimètre cube d'huile de colza pèse neuf cent quatorze milligrammes : combien déboursera-t-on pour l'achat de cinquante-deux décalitres vingt-cinq décilitres, à 1 fr. 60 cent. le kilogramme?

98° L'hectolitre de houille pesant quatre-vingt-huit kilogrammes, que payera-t-on pour quatre cent deux hectolitres cinq décalitres, à 6 fr. 25 cent. le quintal métrique?

99° Un bec de gaz consomme, en moyenne, cent vingt litres de gaz par heure : combien coûtera l'éclairage d'une classe d'adultes pendant quatre mois, en admettant que l'éclairage dure deux heures deux dixièmes par soirée; qu'il y a vingt-deux soirées de classe par mois; qu'il faut quatre becs pour l'éclairage de la salle, et que le mètre cube coûte 40 cent.?

100° On a acheté vingt-cinq barils d'huile d'olive contenant chacun un hectolitre vingt-cinq litres, à raison de 185 fr. les 100 kilogrammes, avec remise de 5 pour 100, si l'on paye comptant. L'hectolitre d'huile pèse quatre-vingt-neuf kilogrammes, et l'acheteur paye comptant : quelle somme donne-t-il?

FIN.

TABLE.

www.ingramcontent.com/pod-product-compliance
Lightning Source LLC
LaVergne TN
LVHW020542060726
842525LV00004B/1278